你皮肤真好

皮肤科医生的科学护肤经

尹志强 著

江苏凤凰科学技术出版社

国家一级出版社　全国百佳图书出版单位

—— 南京 ——

图书在版编目（CIP）数据

你皮肤真好 / 尹志强著 . -- 南京 : 江苏凤凰科学
技术出版社 , 2020.1（2021.5 重印）

ISBN 978-7-5713-0637-3

Ⅰ . ①你… Ⅱ . ①尹… Ⅲ . ①皮肤—护理②皮肤—美
容术 Ⅳ . ① TS974.11 ② R625 ③ R751

中国版本图书馆 CIP 数据核字 (2019) 第 242821 号

你皮肤真好

著　　　者	尹志强	
责 任 编 辑	李莹肖　　钱新艳	
助 理 编 辑	孙　伟	
营 销 编 辑	许露露　　朱哲彬	
责 任 校 对	杜秋宁	
责 任 监 制	刘文洋	

出 版 发 行	江苏凤凰科学技术出版社
出版社地址	南京市湖南路 1 号 A 楼，邮编：210009
出版社网址	http://www.pspress.cn
印　　　刷	南京海兴印务有限公司

开　　　本	880mm×1 230mm　1/32
印　　　张	9.25
字　　　数	220 000
版　　　次	2020 年 1 月第 1 版
印　　　次	2021 年 5 月第 3 次印刷

标 准 书 号	ISBN 978-7-5713-0637-3
定　　　价	49.80 元

图书如有印装质量问题，可随时向我社出版科调换。

推荐序一

　　读罢尹志强主任医师撰写的《你皮肤真好》一书，我顿觉这是一本能够解决"我皮肤为什么不好""我皮肤怎样才能真好"等大众普遍关心问题的好书。爱美是人的天性，往往不分时代，不分性别，不分年龄，在我国改革开放 40 年后的今天尤其如此。现在大家有饭吃了，有衣穿了，有房住了，有车开了，再拥有始终低于自己年龄水平、健康而讨人喜欢（至少不惹人嫌）的皮肤，已是中国人生活追求的一部分。

　　但也正因如此，越来越多的人不禁发问：为什么我为自己的皮肤投入那么多，它却始终不见好或出现更多问题，甚至由健康的皮肤变得不健康？为什么还是会出现瘙痒、刺痛、怕热、烧灼等疾病症状？更有甚者，还会出现红斑、黑斑、脱屑、丘疹等疾病体征？我相信读完这本书的你会为自己找到答案，并且发现想要实现"我皮肤真好"的目标并不需要时常光顾美容院与购买天价护肤品。

　　尹主任医师长期从事维护皮肤健康的临床研究与工作，热情参与该方面的科普活动且拥有大群粉丝，遂由此积累了非常丰富的经验。我读罢此书，深觉他对问题原因的分析和对解决方法的介绍信手拈来，有的部分还妙趣横生。

　　我相信，这本书定会受到想让自己皮肤"真好"的广大读者的喜爱！

郑捷

上海交通大学医学院附属瑞金医院皮肤病学教授、主任医师

中华医学会皮肤性病学分会前任主任委员

2019 年 11 月

推荐序二

　　皮肤的健康美丽一直是长久不衰的高热度社会话题。当今资讯发达，爱美者通过各种媒介讯息与实物体验了解自己的皮肤，寻求改善之道，获得对自我外在形象的认可。但皮肤的健美需要科学的支撑，其中涉及皮肤科学、生物学、化学、药学等多个学科领域的知识和技术。如何将庞杂的知识技术体系转化为大众容易理解、参考和应用的科普知识，就成了首要课题。

　　庆幸的是，我国皮肤学界有一批热心服务社会的专家在完成皮肤病诊疗工作之余，利用碎片化时间在各种媒体平台上，耐心地向询问者提供意见和帮助。尹志强博士即多年来在微信、微博、报纸和电视台等媒介上，不遗余力地针对不同问题解答了成百上千的咨询，树立了医美传播者的"强哥"形象。他在广泛涉猎皮肤健美知识、梳理多种皮肤健美问题的基础上，推出了这本科普护肤读物。

　　本书以贴近生活实际的问题为导向，用活力十足的排版、生动易懂的语言，向爱美者较为系统地介绍了常见皮肤问题的成因、防控与治疗方法，也普及了一些有关化妆品的基本知识，可以指导生活中的皮肤保健和护理。我相信它一定会得到广大读者的喜爱并成为其床头常备读物，它在科学护肤理念的普及上迈出了可喜的一步。

中国医科大学附属第一医院皮肤科

高兴华

2019 年 11 月

自序

　　这本书之所以能够诞生，我想，应该跟我机缘巧合地在2016年4月注册了微信公众号"强哥每日科普"有直接的关系。

　　我这个人在生活中比较话痨，喜欢发表自己的意见和看法，所以经常会在微信朋友圈发布一些关于在门诊工作中总能遇到的皮肤疾病的科普知识。我这个人也很喜欢开玩笑，所以写的东西不够"严肃"，但朋友们很喜欢看我写的"段子"式的科普内容，觉得既有趣，又有益。于是有一天，有位朋友好心地建议我："你为什么不注册一个自己的微信公众号呢？这样可以让更多的人看到你写的东西。" 我听了觉得好有道理，于是就有了"强哥每日科普"。接下来在三年多的时间里，累积了超过一千篇的原创科普文章。

　　随着时间的推移，关注我公众号的人越来越多，于是就有越来越多的人向我咨询各种护肤方面的问题。这促使我在用写科普文章的形式进行解答的同时，也开始不断地思考。因为我发现，太多的皮肤问题都是护肤做得不足或过度造成的。

　　当护肤不当破坏了"皮肤屏障"，很多皮肤问题就出现了，也会使原有的皮肤问题加重，这就使"美容"变成了"毁容"。我经常在网络空间看到五花八门"谣言"式的错误护肤理念或方式，不禁感叹不知道有多少人因为这些错误信息而走上了护肤的歧途。而大部分护肤问题，都是我在自己的日常门诊工作中经常遇到的。

　　这么多年来，我一直在普及"科学护肤"的理念，告诉大家"科学护肤的基础是维护好皮肤的屏障功能"以及如何保护好"皮肤屏障"，从而让大家拥有健康美丽的肌肤。这次我精选了自己在个人微信公众号发布的一系列护肤科普文章，并且融合了我个人对护肤问题的一些最新思考和理念，编撰成了这本护肤书。

这本书的面世其实蕴含着一个在我心中存在已久的真诚期许，那就是希望每一位看过我这本书的朋友，在今后的人生岁月中，听到最多的一句话就是："你皮肤真好！"

尹志强（强哥）

一个皮肤科医生

2019 年 12 月

目录
Contents

Chapter1

想要拥有完美肌肤，
你得先知道这些

第一堂肌肤护理基础课

　　说到日常基础护肤，我们正常都是默认讲面部护理，对于大部分女性和部分男性来说，应该都是有自己熟悉的操作流程的。虽然每个人选择的基础护肤品的种类会有所不同，但总体的使用顺序都是一样的。

　　所以接下来，我们就来简单地聊一聊日常基础护肤的流程。

　　可能很多人会觉得，护肤流程不是人人都知道的吗？有什么可讲的？但是你在网络上随手搜一下就会发现，这件事竟然也是众说纷纭，让人越看越迷茫。

　　很多护肤博主会分享一些和常规方法不同的小心得，但这些心得并不是人人适用的，盲目模仿可能反而会弄巧成拙。有很多人从一开始，护肤的顺序便错了，一错多年而不自知。当然，也有很多人虽然知道怎么做，但是不知道为什么要这么做，于是常常含糊了事。

　　所以，这节日常护肤基础课还是很有必要的。

第一步：洗干净你的脸

　　洗脸是我们每天都要做的事情，洗脸的事情，说简单也简单，清水洗洗就行了。但要是细致点儿去讲，洗脸也大有需要注意的地方。

　　洗脸可以用流动的水洗，也可以先把水倒入脸盆再洗。我个人喜欢用流动的水来冲洗。小时候用脸盆里的水洗脸，等脸洗完，那个水就不能看了，看上去好污，现在想来，恨不得再洗一遍脸。所以，我个人比较喜欢用流动的水洗脸，也建议大家这样洗脸。

现在人大多不会直接用清水洗脸，而是会选择使用洁面产品，尤其是脸上出油很多，或者日常带妆的人，会觉得需要洁面产品的辅助，才能把脸洗干净。如果你不是以上这种情况，并且平时皮肤比较敏感，经常觉得脸有点儿干燥，那么你完全是可以不用洁面产品的，尤其是秋冬天更加不需要。如果要用，可以选用偏中性的洁面产品。温水洗或者冷水洗，对于你的脸来说，清洁就已经到位了。

日常带妆的人，晚上需要卸妆，根据所用隔离霜、BB 霜、防晒产品或者其他彩妆产品的要求，可能会用到卸妆水或卸妆油。卸妆水和卸妆油的使用也是有些讲究的。有些卸妆产品用完，只要用清水洗一下即可，有些用完则需要再用洁面乳洗一下。所以，使用前看一下产品说明是很有必要的。如果你使用的化妆品都是清爽不防水的，那就不一定要使用卸妆产品了，普通的洁面产品就可以帮你洗掉这些化妆品残留。但如果你用的是防水的化妆品，必须要用卸妆产品才能弄干净。

有些朋友是混合性皮肤，脸上有些区域油，有些区域干，那么我建议你在局部油性区域使用洁面产品即可，不一定要全脸使用。

有些朋友是敏感性皮肤合并痘痘（油性）皮肤，用温和滋润型洁面产品，感觉去油力道不够，用控油、去角质功能的洁面产品，又觉得用完皮肤有烧灼感或者刺痒感？怎么办？我个人建议用温和滋润型洁面产品多洗两遍，洗完立即涂抹护肤品保湿。当然，在用保湿护肤品之前可以加其他护肤程序。

第二步：爽肤水

爽肤水的主要作用是调节皮肤表面的酸碱 (pH) 值，减少毛孔堵塞，为后续护肤步骤做准备，所以在洁面后首先使用。另外，爽肤水还有一定的清洁和保湿作用。

第三步：眼霜

很多人问我，平时用的各种霜、乳能否用在眼周？就好像以前小时候搽"香"的时候，还不知道眼霜这回事，"香"就是满脸搽，不也好得很？怎么说呢，眼周的皮肤和面部其他部位的皮肤还是不同的，前者更加娇嫩薄弱一些，也更容易出现敏感问题。现在护肤品的发展越来越精细化，眼霜的诞生也就不稀奇了。眼霜的配方要求跟普通面霜有一些差异，主要作用有保湿、改善细纹等。有条件的话，还是建议大家将眼霜和面霜区分开，有针对性地使用。

第四步：抗氧化精华

抗氧化精华（液）是液体状的，所以放在保湿霜或保湿乳的前面使用。抗氧化精华的作用就是抗皮肤衰老，还能对抗紫外线辐射引起的皮肤慢性损伤，以及色斑的形成。一般建议 25 岁以后就开始使用抗氧化精华。

有人问我："如果我有抗氧化精华，又有抗氧化作用的面霜，可以叠加使用吗？"我觉得用其中一种就够了，实在都想用的话，当然是先液后霜。

第五步：保湿

保湿的重要性不需要再多强调了。保湿产品有很多种，比如保湿霜、保湿乳、保湿精华……你喜欢用哪一种就用哪一种。有人觉得自己的皮肤特别干，会同时使用超过两种的保湿类护肤品。如果你同时有抗氧化精华，又有保湿精华，使用顺序应该是怎么样的呢？这个倒不必纠结，哪个放在前面问题都不大，**一般是抗氧化精华用在保湿精华前面。**

第六步：防晒

晚上护肤是不需要防晒的。很多人会害怕月光，这个是没有必要的，毕竟你又不是狼人。防晒工作只需要在白天出门前做好，防晒有很多种方法，可以撑遮阳伞、戴遮阳帽，当然必要的时候，可以使用防晒类化妆品。防晒是基础护肤程序的最后一步。虽然我们不能指望防晒类化妆品的成分能起到护肤的作用，但是不得不说，**防晒是基础护肤程序中极其重要的一步。**防止暴露部位皮肤提前衰老，主要依靠**防晒**。而我们最看重的脸面，就是身体暴露最彻底的部位啊。

现在也有很多人不提倡使用化妆品，对日常护肤嗤之以鼻。他们认为长期使用化妆品的结果就是让皮肤更坏。这种说法是很片面的，目前很多化妆品相关的负面事件，主要是跟化妆品本身的质量好坏和是否合理使用有关，选择合适的化妆品并合理使用并不会伤害你的皮肤。

做好皮肤的保湿、防晒、抗氧化工作，肯定可以让你的皮肤更健康。所以，适合自己、种类精简但功效全面、质量可靠的护肤类化妆品，完全可以放心使用。

2.

全年都要坚持做防晒吗

现在聊起如何护肤，大家问得最多的问题就是防晒和保湿。为什么防晒会如此重要？这就得好好唠唠了。

我们都知道，一个人如果要正常生活，必然躲不开日光照射。但这个日光很复杂，它包括各种光线：可见光、紫外线、红外线等，对人体好的和不好的都有。

日光照射对我们的身体大有裨益，其重要程度堪比水。但是长期日光照射又容易引起皮肤的光老化，加速皮肤衰老。长期日晒过后，我们可以清晰地看到自己暴露部位的皮肤变得粗糙、肤色加深、皱纹明显，甚至出现皮肤肿瘤，这就涉及"美"和"健康"如何兼得的问题了。

首先，你要知道日光是怎么伤害我们的皮肤的。说起来你可能会惊讶，它们可是有着明确分工的。如果皮肤在未受到保护的情况下，接受了短时间过强的日光照射，那么日光中的紫外线，尤其是UVB（中波红斑效应紫外线）就会把皮肤晒伤，使皮肤产生红斑、疼痛，甚至出现肿胀和水疱；此外，UVA（长波黑斑效应紫外线）和可见光（尤其是蓝光）还会把皮肤晒黑，影响美观。经过上面的解释，您应该了解我为什么要提倡"护肤先防晒"了吧？

如果想让皮肤衰老得慢一些，更白一些，就要在日常生活中做好防晒。

当然了，世界不同区域的人群对此会有不同看法。我们亚洲人群，尤其是女性，崇尚"肤白"为美。如果去海边度假，你就会发现，游完泳在阳伞或树下遮阳的多是东方女性，而沐浴阳光下，大剌剌躺在躺椅上的则多是欧美女性。欧美人群主要是白种人，不容易晒黑，特别喜欢日光浴。有些人为了获得小麦色的肌肤，更是没事就多晒晒自己。

白种人虽然不容易晒黑，却容易晒伤，因为缺乏皮肤黑色素的保护，在长期日晒后，他们相对更容易患皮肤癌。黑色人种本身皮肤的黑色素丰富，不容易晒伤，但是再怎么防晒也不会变白。而我们黄种人，介于两者之间，既容易晒伤，又容易晒黑，这可真令人神伤。

很多人认为，只有在炙热的夏日艳阳天才需要防晒，其实不然。**防晒是一年到头、不分季节都要注意的问题，无论是晴天、阴天还是雨天，都很有必要**。当然，下雨天防晒需求会相对小一些，因为雨天紫外线强度不大，大多数人也不会外出，即使外出也是走路会撑伞，骑车穿雨衣，开车有遮挡，无形之中已经做好了防晒措施，所以不太需要特地做一些防晒工作，但这也不代表没有防晒需求。

3.

快速了解医美，理智护肤

有些人去了一趟邻国，回国的时候海关不让入关。为啥？因为出去的时候本尊和护照上的照片是一样的，回国的时候看上去就不是一个人了。这是怎么回事？很多人会说，肯定去整容了呗。

整容一般是指通过外科手术改善外貌，至于改变外貌的动机，应该是有不同的。有人是为了让自己的容貌变得更美，当然整过以后美不美，外人的看法会有不同。我觉得如果整容过后，都成了流水线产品，大家都长得差不多了，那也就不算美了。还有些人是出于一些不可告人的目的进行整容从而改变容貌，这个就复杂了，在电影里面我们经常会看到这样的情节。

总的来说，一般需要开刀、做手术的才算整容，这是整形外科医生的主业。不过现在社会上还有个很时髦的词，叫"医疗美容"。很多人乍听会觉得医疗美容和整容是一回事。那到底是不是一回事呢？

"医疗美容"是指"运用药物、手术、医疗器械以及其他医学技术，对人的容貌和身体其他部位形态进行修复与再塑的美容方式"。从定义上看，"医疗美容"所指的范围比整容更广，将"手术整容"的内容包括在其中。除了手术开刀外，医疗美容还包括光电技术（激光、强脉冲光、射频等）、注射技术、埋线技术、化学换（焕）肤术等。

现在医疗美容非常火，像强哥我就职的三甲公立医院皮肤科，为了适应来门诊就诊的广大爱美人士的强烈需求，也配备了很多光电美容治疗的机器和设备。除了公立医院的皮肤科，整形外科和口腔牙科也会设立医疗美容项目。另外，走在大街上，你还可以经常看到主打医疗美容的民营诊所或医院。的确，随着大众对美的不懈追求以及医疗技术的迅猛发展，医学与美容的结合是顺理成章的事情，并且可以预见其规模将越来越壮大。

选择医疗美容并不是什么不可告人的事情，在追求美的道路上，你可以选择任何合理的方式。

但是强哥想要提醒大家的是，无论是我们常说的医疗美容，还是传统的整容，都属于"医疗"范畴。所以，当你选择医疗美容项目时，一定要去有正规营业资质的医院或诊所，找有医疗美容资质的医生为你提供专业可靠的帮助，以免"美容"变成"毁容"。在美容一途上，因为意外而致残甚至丢了性命的报道并不少见。另外，选择医疗美容项目时，我建议你多跑几家医院，多问几个医生，从中选择适合自己的项目，也可以降低"挨宰"的风险。

化妆品会伤害我们的皮肤吗

我们先了解一下什么是化妆品。2007 年，我国的《化妆品卫生规范》将化妆品定义为"以涂擦、喷洒或其他类似的方法，散布于人体表面任何部位（皮肤、毛发、指甲、口唇等），以达到清洁、消除不良气味、护肤、美容和修饰目的的日用化学工业产品"。

其他国家对化妆品的定义，如果从外文翻译成中文，自然会有文字上的差异，但是大体意思是一样的。可以说，化妆品的使用在世界范围内都是很普遍的事情。但是，总有人会说，不要用化妆品，用久了会伤害你的皮肤。为什么会有这样的说法呢？

因为他们认为化妆品是化工产品，不是纯天然的，对皮肤总归是不好的。同时，网络上曝光了很多关于化妆品使用后的不良事件，比如引起皮肤过敏甚至"毁容"的事件，似乎也验证了这部分人的观点。

很显然，这样的观念是有些偏激且不科学的。这些年媒体报道的绝大多数化妆品不良事件发生的原因，都是这部分化妆品的质量有问题，比如非法添加了国家化妆品法规禁止加入的物质，如糖皮质激素、抗生素、汞、荧光剂等，消费者在不知情的状况下，长期使用从而引发了不良反应；还有些是当事人用了"三无"化妆品或者假冒伪劣产品造成的。正规化妆品成分合规、安全，只要合理使用，是不会发生严重不良反应的。

　　至于化妆品过敏事件的发生则是出于个体的差异，比如俗称过敏性体质或者敏感性皮肤的人，在接触一些化妆品以后，有可能会出现局部的过敏反应，但绝大多数人使用这些化妆品是没有过敏反应的。这个与使用药物一样，有些人会出现药物过敏，但绝大多数人不会，这是因为体质不同。所以，为了避免化妆品过敏情况的发生，我会建议肤质敏感的人在第一次使用某护肤品、化妆品时先小范围试用，在试用后的 24~48 小时观察局部反应，如果没有发生任何不良反应就可以正常使用了。

　　至于"因为化妆品是化工产品，所以对皮肤不利"的说法显然是不对的。我们生活中的衣食住行，都避免不了接触化工产品，举个最简单的例子，我们贴身穿的内衣，不同的颜色都是染出来的，染料也是化工产品，从没有听说过人类因此遭遇重大健康问题。所以，只要是符合国家质检要求生产的产品，都是可以放心使用的。因为化妆品在上市之前，要经过国家规定的安全性测试，所以根本无需担心化妆品对皮肤会造成普遍的伤害。

让人烦恼让人忧的痘痘

　　要是投票选出女生们在皮肤上都有哪些困扰，我想痘痘（痤疮）一定是毫无疑问排在第一位的。平时来我的专家门诊就诊最多的一类皮肤疾病就是脸上的痘痘，而且就诊者十有八九都是女性患者，这其中绝大部分又是青春期的女生。倒不是说男生长痘痘的情况就比女生要少，只是女生比男生更在意自己的容貌。

　　痘痘影响美观，这让很多女生受不了。但很多时候真正困扰她们的不是痘痘的严重程度，而是自己心理上的接受程度。

　　我曾经在门诊遇到过一个女大学生，她进了我诊室的门，坐在我面前，低着头一言不发。我问她有什么需要我帮忙的，她也半天没有吭声。我有点儿纳闷，刚想开口再问一问，她突然哭了起来，真是把我吓了一跳。可以想见当时的情况，我慌得不行，生怕被门外的其他患者误会，认为我欺负这个女孩子，但我真不认识她啊！正在纠结要怎么安慰她几句时，她终于主动开口了，说因为脸上有痘痘，都快不想活了。

　　我认真看了好一会儿她的脸，发现她只是额头上有一些白头粉刺（闭合性粉刺），真的是状况很轻的痘痘。于是我安慰她，痘痘不严重，没必要哭。她回我一句："粉刺太难看了，我心里受不了，真的受不了！"说完哭得更大声了。

　　提到上面这个真实的经历，我是想告诉大家，痘痘无论轻重，对女生而言都是一件非常困扰的事情。有些女孩子因为长痘痘都抑郁了，无心学习或者上班，这些情况在皮肤科门诊可不少见。

为了解决烦人的痘痘，很多人每天对着镜子挤啊挤，结果留了很多难以消除的痘坑和痘印，反而更郁闷了。还有人在网上咨询各种所谓"祛痘秘方"，也不管安不安全就往脸上抹，出了问题或者实在没有效果才来医院皮肤科看，走了很多冤枉路，也乱花了不少钱，甚至给皮肤带来了更多的伤害。

最后，我想跟广大痘痘患者，尤其是爱美的女生们说，痘痘其实不是大事儿，好治！如果想疗效好又不花冤枉钱，就直接找专业皮肤科医生看。尽量避免在家自己瞎折腾，或者指望网络空间的"患友"们帮你隔空治痘痘。

痘痘的发病原因在医学上已经研究得很透彻了，治疗手段也很多样，基本上没有治不好的痘痘，所以为痘痘烦恼时一定要寻求专业皮肤科医生的建议，脸上的皮肤可不是能自己随便折腾的。当然，治疗肯定需要时间，不可能一蹴而就，所以大家也要耐心一点儿遵医嘱哦。

除了治疗和消灭痘痘，还有很多困扰患者的问题，比如痘痘是如何产生的？哪些饮食会加重痘痘？为什么大姨妈来之前会爆痘？哪些化妆品用了以后会加重痘痘？为什么一把年纪了还在长痘痘？

能有这些疑问是很好的，所谓"知己知彼，百战不殆"，要想彻底打败痘痘，我们就要多了解它。所以在本书的第八章，我会好好跟你们聊一聊痘痘那些事儿。

6.

护肤，不只是脸面功夫

说到护肤，很多人想到的是脸要白，不要有皱纹，不要有斑，要满满的胶原蛋白，似乎护肤就只是脸面的事。

其实，在强哥以及很多同行的日常门诊工作中，因为脸面上的事儿来就诊的患者只占很小一部分，大多数患者是因为身体其他部位的皮肤问题来寻求帮助的。而这其中，又有一部分皮肤问题的产生，是因为身体皮肤护理工作没有做好。

另外，我们必须承认，平时大家看一个人的皮肤好不好，绝不会仅仅看脸，也会看脖子、手这些暴露部位。如果是自己最亲密的人，那关注点就更不局限于前面说的这些部位，而是整体的皮肤情况。所以说，护肤绝不能仅仅管脸，整个身体从上到下的皮肤护理都很重要。

除了面部，身体其他部位的皮肤主要在非暴露部位，就是有衣物遮盖的部位，所以这些部位接受紫外线照射的时间很少。除了夏天穿着比较少的时候，其他时间我们是不用考虑这些部位的防晒问题的。

身体护理的关键点在于，绝大多数人每天或每隔一两天都会通过洗澡进行清洁。与面部不同，我们会选用香皂或沐浴露来辅助身体清洁。同时，因为衣物的覆盖使得身体容易出汗，所以很多人在洗澡时特别"用心"，比如洗澡水比平时烫、香皂选用碱性的、搓澡更用力等。长期如此，皮肤屏障会遭受持续的破坏，这样皮肤就留不住水分，真皮里面的水分很容易透过表皮而丢失，于是很容易出现皮肤干燥、瘙痒甚至湿疹（特殊的乏脂性湿疹）的情况，经常搔抓还会导致色素沉着、皮肤增厚，这样从外观看就不是健康的皮肤，又谈何皮肤美呢？

所以，身体护理的重点就在于做好保湿润肤工作，你需要注意以下几点：

（1）出汗不多时可以减少洗澡次数，每日一次（老年人可以隔日或更长间隔）。

（2）洗澡水的温度不宜过高，尽量不超过40℃。

（3）尽量用偏中性的清洁产品，皂类多是碱性的，应少用。

（4）洗澡时减少搓澡，其实搓下来的主要是皮肤的角质层，它是皮肤屏障的重要组成部分。

（5）洗完澡全身涂搽一些润肤剂，尤其是在秋冬季，建议洗完澡5分钟内涂搽。

（6）穿棉质内衣。

（7）手部避免接触碱性洗涤剂，可以戴上手套做家务，最好是不做家务，虽然这个有点儿困难。

当然，以上注意点并不是全部，对于身体皮肤你还需要更加呵护。

皮肤美是整体皮肤的美，告诉大家一个事实，其实皮肤是人体最大的器官。要想皮肤美，需要做的工作可不少呢！

25 岁以后，抗老之战开始了

在门诊，经常会有患者抱怨："强哥，我慕名而来，但是你有没有搞错啊，我才二十几岁（或三十几岁），你怎么说我这个是老年斑？你以为自己是专家就可以乱讲？"

哎，我都这把年纪了，还不是偶尔也冒几个"青春痘"？压力太大，没有办法，所以这种痘也叫"压力痘"。青春痘也就是痤疮，在青年人尤其是青春期男女的脸上最为常见，但也不代表不青春了的人群就不长。婴儿、中老年因为各种因素的影响也可能会长出痘痘。

同理，老年斑虽然在老年人身上最为常见，但是在中青年的脸上有时也能见到。因为人的皮肤尤其是暴露部位，经常接受阳光（主要是紫外线）照射，很容易比其他部位提前进入衰老程序。随着时间的推移，老化的程度也会更突出，这个就叫"光老化"。

一般认为 25 岁是个标志性年龄，绝大多数人在这个年龄皮肤开始走向自然老化。而暴露、非防晒部位因为自然老化和光老化的共同作用，皮肤会更早（早于 25 岁）开始衰老。

25 岁以后的皮肤最需要什么

25 岁以后的皮肤，除了保湿、防晒，最需要做的就是抗氧化。接下来是一段专业语言，看不懂也没关系。

我们的身体生理代谢过程中会有很多副产物，其中有一类反应性分子物质（RMS）通常被称为"自由基"或"氧化剂"。

当 RMS 浓度超过一定的阈值时，我们身体的细胞将会受到伤害和破坏。但我们的身体是强大的，自己能够在一定程度上中和 RMS，从而限制其损害。

然而我们的皮肤，接触污染物以及紫外线照射后都能够产生额外的氧化剂，这就超过了我们身体的清除能力，结果这些漏网的 RMS 对我们的皮肤持续造成伤害，就会引起皮肤的早期衰老，乃至导致皮肤癌的发生。

现在研究还发现，污染尤其是空气中的 PM2.5，被吸入呼吸道后，可以沉积在肺泡中，然后转移到毛细血管中，再通过血液循环分配到所有器官，包括人体最大的器官皮肤！

PM2.5 通常与有毒化学物质如重金属或多环芳烃（PAHs）有关，一些光反应性 PAHs 在 UVA（长波紫外线）暴露下会引起强烈的氧化应激反应。

也就是说，空气污染和紫外线有协同作用，会一起增强对皮肤的氧化伤害。

因此，25 岁以后，除了要一如既往地做好保湿工作外，为了延缓皮肤尤其是暴露部位皮肤的老化，我们还要做到严格防晒，减少紫外线辐射皮肤产生的氧化剂，也可以外用抗氧化剂来直接对抗氧化应激对皮肤的损伤。在寒冷的冬季，我们还要做好防雾霾工作，这对皮肤健康同样非常重要。

强哥答疑

1. 正确的护肤顺序应该是什么样的?

洗脸→擦爽肤水→擦眼霜→涂抹抗氧化精华→使用保湿护肤品→擦防晒化妆品。

2. 什么时候应该防晒?

防晒是一年到头、不分季节都要注意的问题,无论是晴天、阴天还是雨天,都很有必要。

3. 可以选择用医美的方式来变美吗?

选择医美并不是什么不可告人的事情,在追求美的道路上,你可以选择任何合理的方式。但是一定要去有正规营业资质的医院或诊所,找有医疗美容资质的医生为你提供专业可靠的帮助,以免"美容"变成"毁容"。

4. 化妆品会对皮肤造成伤害吗?

化妆品在上市之前要经过国家规定的安全性测试,所以无需担心化妆品对皮肤会造成普遍的伤害。只要是符合国家质检要求生产的产品,都是可以放心使用的。

5. 恼人的痘痘真的可以治好吗?

痘痘其实不是大事儿,好治!如果想疗效好又不花冤枉钱,就直接找专业皮肤科医生看。

6. 我们的皮肤,只有面部的比较娇嫩,需要用心呵护吗?

皮肤美是整体皮肤的美,要想整个人看起来好看,可不能只管脸哦。

Chapter2

皮肤的基础护理，
你都做对了吗

修护皮肤屏障的重要性

很多人皮肤出现问题去看医生的时候，会接触到"皮肤屏障受损"这个名词，但他们最初并不知道，所谓的皮肤屏障受损到底是什么意思。

所以，护理皮肤之前，我们先来了解一下我们的皮肤屏障。

从广义上来说，皮肤屏障包括物理屏障、化学屏障、微生物屏障和免疫屏障。狭义上则主要指物理屏障，我们平时说的皮肤屏障大多是狭义上的。

物理屏障由皮脂膜、角质形成细胞和细胞间脂质等共同构成，通俗来讲，皮肤屏障就是皮脂膜和角质细胞组成的。

人的皮肤要想健康，就要让我们的"皮肤屏障"保持完整性，这样才能抵御外界各种不利因素对我们皮肤的伤害。皮肤皮脂腺分泌到皮肤表面的皮脂和我们脸上汗腺分泌的汗液，以及胶质细胞产生的"天然保湿因子"，是我们皮肤屏障的最外层结构——皮脂膜的重要组成部分。皮脂膜是弱酸性的，所以如果平时经常接触碱性洗涤剂，很容易破坏皮脂膜，从而破坏皮肤屏障。

皮肤最外层是角质层，富含角蛋白，角质层角蛋白也是皮肤屏障的组成部分。角质层会逐层自行脱落，这是一个生理过程。我们平时洗澡的时候如果用力搓洗，会看到很多"垢"被搓下来，很多人认为这是皮肤上的脏东西，所以就搓得特别起劲。一开始搓下来的灰色的垢基本是脏物，但后来搓下来的皮肤色的"垢"，其实就是角质层了。所以，有些人喜欢洗澡用力搓洗，其实对皮肤屏障来说也是一种伤害。结果就是，搓得全身皮肤发红，晚上睡觉的时候或者第二天白天，很容易出现皮肤瘙痒。

角质层往下的皮肤角质形成细胞（"砖墙"）以及细胞之间的相互黏合连接（"灰浆"，主要指神经酰胺、游离脂肪酸、胆固醇等脂质），叫作"砖墙结构"，这个结构也是皮肤屏障的重要组成部分。很多皮肤疾病都存在"砖墙结构"的缺陷，因此失去了皮肤屏障的完整性。

我们表皮的皮肤屏障主要就是由上面这些成分和结构组成的。如果我们的表皮屏障存在问题，锁不住水，那么皮肤丢失的水分就会增加，各种皮肤问题就出来了。

我说的"修护皮肤屏障"，主要指的就是修复表皮屏障。表皮屏障稳态的维持，对于保护我们免受外部环境和微生物的侵害至关重要。同时，完善的表皮屏障可以锁住我们皮肤的水分，是皮肤保持水润、有光泽、外观健康的最重要的基础。

在临床工作中，各种影响美观或引起不适的皮肤疾病，无论是敏感性皮肤、激素依赖性皮炎、玫瑰痤疮、皮肤老化，还是皮炎、湿疹、银屑病等，都普遍存在于表皮屏障功能受损的情况下。

而皮肤科医生在治疗上述皮肤问题的时候，从来都把修护皮肤屏障功能放在各种治疗措施中非常重要的地位。我们在临床中也发现，在皮肤的表皮屏障得到有效修复和维护后，皮肤问题就会得到显著的改善。

表皮屏障损伤的机制包括细胞间脂质的缺失、表皮 pH 失衡、皮肤微生态失衡、表皮钙离子浓度梯度失衡等。表皮细胞间脂质与表皮屏障功能的关系是皮肤科学界研究的热点，其中神经酰胺、游离脂肪酸和胆固醇是三种主要成分，任何一种成分的缺乏都会导致表皮屏障功能下降。

所以很重要的一点是，只有"适当比例"的脂类混合物，才是维持正常表皮屏障的基础。

本节标题中提到的"修护"是指修复和维护。皮肤屏障的完整性得到修复后要继续维护，一方面可以继续使用这一类的保湿润肤剂，另一方面在日常生活中要避免一些"不良"的生活习惯，如用热水烫洗皮肤、接触香皂和肥皂等碱性洗涤产品、瘙痒时过度搔抓等。

为什么有些人从不护肤却比你皮肤好

为什么有些人从来不用护肤类化妆品、不防晒，却比同龄人看上去皮肤白、皱纹少？有人分析，肯定是因为化妆品伤皮肤，所以我们不应该用化妆品。

但是如果让我分析原因，我认为有以下两点：

第一，体质问题，或者说"基因好"，"天生丽质"就是这个意思。有些人真的从小到大皮肤都很好，太阳晒不黑，脸上也没有斑，到了中年脸上还是一丝皱纹都没有。这种基因让人羡慕，但也没有办法强求。不过这种情况毕竟是少数，人的皮肤随着年龄的增长会逐渐老化，这个是自然规律。

第二，关于"化妆品伤皮肤，所以不该用化妆品"，这种说法是很片面的，在第一章第 4 节里我已经说了这个问题。所谓的化妆品伤皮肤，绝大多数是因为化妆品的质量有问题，添加了非法物质或者是假冒、三无产品。但大部分消费者用的护肤类化妆品都是正规合格的，这种情况下只可能是使用方法不当伤害了皮肤。

具体说，比如"不会护肤"。举个例子，洗脸不正确也有可能伤到皮肤。每天晚上觉得奔波了一天脸上肯定很脏，所以使劲儿洗脸，用很强有力的卸妆产品和洁面产品洗脸，时间长了反而会破坏皮肤屏障，使皮肤变得敏感，容易发红、脱屑，甚至出现红血丝。

还比如"不正确护肤"，面膜的使用频率怎样最好？建议两三天使用一次为宜，可以起到保湿作用。但有些人每天都用面膜，甚至每天用多张面膜，自我感觉良好，实则使面部皮肤始终处于一个封闭状态，不能自由"呼吸"，反而对面部皮肤不利。

再比如"乱跟风滥用护肤品"，很多姑娘看到网络广告上说哪个产品好，美妆博主说哪个产品好，同事朋友说哪个产品好，就去买哪个产品。结果买了一大堆护肤品囤在家里面，每样都觉得很好，都必不可少，都往脸上抹。往脸上涂抹的护肤品种类多了，皮肤的负担就重了，不同护肤品间成分起冲突的可能性也大了，对皮肤的潜在危害也就更多了。

所以，我觉得经常护肤的人看上去比不护肤的同龄人皮肤更差，一方面是由于令人无奈的"基因"问题，更主要的一方面是不合理使用护肤品反而伤害了皮肤。除了上面举的几个例子，还有很多其他案例，在以后的章节中我再给大家慢慢介绍。

3.

保湿——面子工程的基础

　　我家里的阳台摆放了几盆兰花，很漂亮，它们已经跟了我快十年了。我也没什么高超的养护技巧，就是定期给它们浇浇水，让它们晒晒太阳。有时候忙忘了，多天没浇水，会发现它们叶子皱缩，耷拉着没精神；若是阳台的落地门窗直接打开，风吹日晒，它们也容易出现脱水的情况而蔫蔫的。

　　人的皮肤同样如此，需要保湿才能保持健康，健康的皮肤才会看起来水润有光泽。护肤的两大核心要素就是保湿和防晒。防晒自然很重要，保湿也绝不能忽视，保湿是我们面子工程的基础。保湿没做好，防晒做得再认真，皮肤看上去也不美。而我上面的例子也是告诉大家，风吹日晒同样会加速我们皮肤水分的丢失，所以保湿工作更要加强。

　　可能很多人不知道，防风也是保湿护肤的措施之一。那我们要怎么防风呢？有时候小风吹吹还是很舒服的，该享受还是要享受。不过外面风沙大的时候就需要用心防护了，用口罩或者丝巾遮一下面部，都是不错的方法。不过对女性朋友来说，后者更有情调，也更具有美观性。如果外面风大，自然灰尘也大，所以回到室内最好用凉水洗个脸，干了以后再喷一点儿保湿水或者涂抹保湿霜（乳）。

　　关于日常保湿，我建议大家随身携带一瓶保湿喷雾，好一点的选择是含有透明质酸（玻尿酸）的喷雾，觉得脸上干了随时随地都可以喷一喷，很方便。日常使用洁面产品不要太频繁，每天最多一次。洗多了会破坏皮肤表面的屏障功能，水分丢失会更快。另外，千万不要用碱性很强的香皂洗脸。

　　保湿精华、保湿乳和保湿霜可以使用，尤其是在皮肤本身皮脂分泌比较少的秋冬季，它们可以更好地保护皮肤。不一定要几种保湿护肤品同时使用，原则上使用一种保湿产品，皮肤自我感觉已经很好的话，就足够了。除非是一种产品使用过后，感觉保湿效果还不够，才需要加用其他的。如果保湿精华、保湿乳液和保湿霜同时使用，那么使用顺序就是保湿精华→保湿乳→保湿霜。同样的，没有哪个保湿化妆品的牌子肯定比另外一个牌子好，生产正规、质量合格最重要。

　　晚上用一些具有保湿作用的面膜也不错。但现在媒体、网络曝光的含有激素、抗生素或者荧光剂的面膜并不少见，所以一定要通过正规渠道购买产品。不确定产品是否可靠的话，可以在国家药品监督管理局的官网搜索具体的化妆品产品信息。

换季时节皮肤出状况怎么办

　　季节有四分，春夏和秋冬。都说昆明一年只有一季——紫外线很强的春季，而强哥生活的南京只有两季——夏季和冬季。本来我还暗自庆幸，夫人可以少买两季的衣服，省钱了。后来感觉自己太幼稚了，裙子和羽绒服真的老贵了，那某某牌子的，我就不说了。

　　季节不同，皮肤的生理状态也不同，比如夏季皮肤出汗、分泌皮脂会多一些，而冬季皮肤会相对干燥一些。这是皮肤适应自然环境的一种变化，属于正常表现。

　　很多人在换季的时候会出现皮肤问题，所以我着重介绍一下感受自然界变化最直接的面部换季问题。

　　到了春季，很多人的脸会出现过敏情况，也就是俗称的"花粉过敏"。花粉过敏可以表现为老是打喷嚏，也可以表现为脸上红、痒，但身体其他被衣物遮盖的部位却是正常的，这种情况叫作"季节性接触性皮炎"，秋季也是高发的季节。

　　到了夏季，有些人的面部、脖子、胳膊会开始痒起来，还会起很多小疙瘩，这种多见于紫外线过敏，真是相当的常见。每当春末夏初紫外线逐渐增强之时，这种"多形性日光疹"就是门诊的常客了。

　　诸如此类，当季节变化的时候，我们的皮肤因为不适应改变的自然环境而出现的皮肤问题，真的是很普遍的。有句老话叫"吃一堑，长一智"或者"久病成医"，在相同季节出现过类似皮肤问题的人，会懂得一定的防范措施。比如患季节性接触性皮炎的朋友，每到春季或秋季，出门会记得戴口罩；夏季容易紫外线过敏的朋友，出门一定会做好防晒。有时候这种皮肤问题不是涂抹防晒霜就可以预防的，那就全身长袖衣物再撑伞，做好绝对的保护，就可以避免紫外线过敏的出现。

上面这些措施，是很了解自己病情的朋友可以做到的预防措施。对于不了解自己病情的人，当季节变化皮肤出现问题的时候，不要自己给自己下诊断，还是去医院找专业皮肤科医生寻求帮助吧。在获得正确诊断和治疗的同时，询问医生最佳的预防措施。

预防真的很重要！就像我写的这本科普书，最主要的目的就在于告诉大家如何避免出现皮肤问题。

脸上可以用激素药膏吗

"医生，脸上可以用激素药膏吗？"

一般在门诊问我这个问题的患者朋友，普遍是出于对激素（糖皮质激素的简称）的恐惧，他们主要害怕用了以后有以下"Fear4"的发生：

F1. 人变胖了。

F2. 脸变黑了。

F3. 脸上出现红血丝。

F4. 产生激素依赖，再也离不开激素。

担心变胖的朋友是极度恐惧激素的那一类人，我在此强调100遍，短期小范围外用激素是不可能让人变胖的。那么，上面大家担心的其他情况会发生吗？

一句话，在专业医生的指导下合理使用，不用担心激素用在脸上会有什么不良后果。强调一点，是专业皮肤科医生。专业医生给你开具处方在脸上外用激素，肯定是出于病情或治疗的需要，而且会非常注意外用激素的类型选择（比如强还是弱）。

以我为例，我在门诊如果给患者的脸上开外用激素，我会这么做：

（1）明确诊断后，首选一线的治疗方式，如果病情需要，我会给予外用激素，根据患者的年龄和部位选择激素。对于脸面，多选择中弱效激素，极少数情况下才会给予强效激素短期外用，并且绝不会给予超强效的外用激素。

（2）我会再三向患者说明外用激素的使用注意事项，比如合理的使用时间、涂药的厚薄、和其他药物联合使用的先后顺序等。

（3）我会尊重患者的想法，对极度恐惧外用激素的患者，我会选择其他治疗用药，多为二线治疗用药。

（4）对一些比较昂贵的非激素类外用药的使用（昂贵是因为多为进口药品），我会向患者说明价格，询问患者能否接受，是否有医保等；同时会解释此类药物可能造成的外用不良反应。

（5）对同意使用面部外用激素的患者，我会嘱托定期复诊，一方面观察疗效，另一方面随访有无不良反应。

总体而言，外用激素依然是国际上公认的很多皮肤病的一线治疗用药，大家不要有恐惧心理。但作为医生，一定要合理选择适合患者的外用激素，尤其是面部，或者是外生殖器、皮肤皱褶处、女性胸部等特殊部位，一定不要选择超强效激素药物。开具外用激素处方后，一定要详细指导患者如何使用，将细节做到位，这将极大地降低或完全避免激素不良反应的发生。

基础护理

出汗是皮肤在排毒吗

关于皮肤排毒的话题，最经典的一种说法就是："脚气（足癣）是身体排毒的表现，千万不要治疗，治好了脚气，其他病就出来了。"

你信吗？反正我在门诊发现，很多人竟然都信了！所以这些患者朋友不愿意治疗脚气，说这是排毒。还有些朋友不愿意治疗痘痘，说这也是排毒；有人得了水痘，说一定要让水疱全部长出来后再治疗，原因还是——这是排毒！

我们的皮肤有很多生理功能，其中一项叫"分泌和排泄"。我想，如果排毒，肯定是这么一个途径。那么，我们来看看"分泌和排泄"具体指什么：

（1）汗腺分泌和排泄汗液，从而调节体温，还可替代部分肾功能（看上去是"排毒"哦）。

（2）皮脂腺分泌和排泄皮脂（我们俗称的"老油"），皮脂具有润泽毛发、防止皮肤干裂的作用。（皮脂好像不是"毒"啊，是毒吗？）

（3）汗液和皮脂分泌正常，在皮肤上混合后形成皮脂膜（前面已经说过，皮脂膜是皮肤屏障的重要组成部分）。

（4）出汗过多，汗液与皮脂的比例失调，皮脂就会被汗液冲掉、变稀薄，结果就是皮肤屏障受影响（喜欢汗蒸的朋友看过来）。

（5）虽然出汗是生理调节，但大量出汗会导致身体里的水分、电解质显著流失，如果补液不足，将影响身体健康。（是真的吗？是真的！）

所以，所谓出汗虽然带走了一部分体内"垃圾"，但是绝对不能说"出汗"就是在"排毒"，而且出汗过多，反而会对皮肤乃至整个身体造成不小的伤害。所以说，出汗过多绝对不是在"排毒"。我们的皮脂虽然同样具有非常重要的生理功能，但是皮脂分泌多了也不好，会出现一些皮肤问题，比如脂溢性皮炎、痤疮等，该治就治，别自以为是在排毒而沾沾自喜。

记住，汗液和皮脂是皮肤屏障的重要组成部分，而拥有健康美丽的皮肤的第一要素就是需要拥有完整的皮肤屏障。所以，再也不要盲目地相信"皮肤排毒"了。

神奇"脸操"，让你年轻 10 岁不是梦

我们皮肤科学界有一些很牛很权威的学术期刊，大家不要以为学术期刊的文章都是很严肃很枯燥的，强哥在此要介绍的一篇有趣的关于"脸操"（happy face yoga）的文章，就发表在公认很厉害的《美国医学会皮肤病杂志》（*Journal of the American Medical Association in Dermatology, JAMA Dermatology*）上，真不是跟大家开玩笑的。

这篇文章的作者找了 27 位中老年女性朋友一起把脸操练起来，这个"脸操"名字很好听，英译中叫"面部瑜伽"。大家如果想了解脸操具体是怎么做的，就搜索"happy face yoga"吧。

文章介绍，脸操的所有动作，头 2 个月每天练 30 分钟，后面 3 个月隔日练 30 分钟。奇迹发生了！5 个月后，坚持做完 5 个月脸操的 16 位朋友，她们的面部年龄平均下降了 2.7 岁。

是的，你们没有看错，她们真的看上去变年轻了！按这个速度，年轻 10 岁也指日可待啊！

你肯定会问为什么脸多做运动，会变年轻？

那是因为现在认为面部衰老的物理表现，不仅包括皮肤松弛和光损伤，还包括更深的脂肪和肌肉的体积损失。该脸操之所以能改善面部衰老，可能是因为诱导了潜在的肌肉生长。

是不是听上去很不可思议？但细想想，这个其实是很有道理的。所

以，当务之急是如何搞到这部脸操的完整版秘笈。但是，我必须提醒大家，按老外的习惯，肯定是要付费的。

不过搞不到这个脸操也没关系，我们中国有句古话叫"笑一笑，十年少"，意思是保持愉快的心情，可以让身体更健康，外表更年轻。

其实这句话还有一层意思，很多人都没有领悟到，那就是面部肌肉经常保持运动（笑），可以让外表变得更年轻。所以，关于脸操的概念，我们的先人早就已经含蓄地提出过了。

抗氧化对皮肤有多重要

　　防晒、保湿的重要性大家都很清楚了，和防晒保湿同样重要的，还有个概念叫"抗氧化"。作为皮肤科医生，特别强调抗氧化在皮肤保养护理中的重要性。

　　抗氧化到底是什么意思？为什么我们要想皮肤好，必须要做好抗氧化呢？

　　这就和我们在第一章第 7 节中提到的"自由基"或"氧化剂"有关了，大家可以回顾一下前面的内容。简言之，我们的皮肤在自身生理代谢的同时，还会受到污染物（尤其是空气污染）和紫外线照射的共同影响，产生额外的氧化剂。因此，抗氧化还包括防晒、防雾霾，这对皮肤的健康美观真的非常重要。大家可以看到，现在各种来源的抗氧化剂，在护肤品以及食品补充剂中的应用非常广泛。

　　说到日常饮食，很多食物中都含有一些天然的抗氧化成分，比如茶多酚、白藜芦醇、番茄红素、花青素、原花青素、维生素 C、维生素 E 等，对身体而言，这些成分都是益处多多的。目前，抗氧化效果最强的是虾青素。虾青素有几种不同的结构，其中具有最强抗氧化活性的左旋虾青素，只能从一种叫雨生红球藻的藻类中得到。

　　站在食物链顶端的人类，该怎么吃这种藻类？凉拌、油爆、红烧、清蒸，还是涮火锅？我想，这东西应该口感不会很好。所以这些天然左旋虾青素必须经过人工提取，然后做成口服的保健品。但是，必须再三强调，"保健品"就是保健品，如果某口服虾青素声称包治百病，这个产品你肯定不能买。

现在市场上还有各种含有虾青素的外用护肤品，很多化妆品公司都开发了类似的产品。但是强哥要提醒大家，一定要看看这个产品中的外用虾青素介绍。从藻类中提取的天然左旋虾青素，才是抗氧化作用最强的，不要选择人工合成的，或者右旋虾青素。

其实添加各种抗氧化成分的外用护肤品非常多，只要工艺先进，添加的抗氧化成分能被皮肤有效吸收，就能起到对皮肤的抗氧化保护作用。所以，牌子还是重要的，大家尽量挑大一点儿的牌子，这样保险一些。

另外，不是说理论上虾青素抗氧化效果最强，含有左旋虾青素的护肤品的抗氧化效果就最好。决定一个护肤品效果强弱的因素太多了，目前应该还没有不同抗氧化成分的护肤品之间使用效果比较的大样本、有说服力的临床资料。所以，大家挑选抗氧化护肤品时要保持理性。对那些过分夸大使用效果的护肤品，强哥的建议是——敬而远之。

强哥答疑

1. 皮肤屏障是什么？为什么要修复？

从广义上来说，皮肤屏障包括物理屏障、色素屏障、神经屏障和免疫屏障。狭义上则主要指物理性屏障，我们平时说的皮肤屏障大多是狭义上的。

物理性屏障由皮脂膜、角质形成细胞和细胞间脂质等共同构成。通俗来讲，皮肤屏障就是皮脂膜和角质细胞组成的。

人的皮肤要想健康，就要让我们的"皮肤屏障"保持完整，这样才能抵御外界各种不利因素对我们皮肤的伤害。

2. 为什么很努力护肤却看不到成效？

不合理地使用护肤品反而会伤害皮肤，所以想要皮肤好，还要注意理智护肤，千万不要盲目跟风、滥用护肤品。

3. 为什么要强调保湿？

皮肤需要保湿才能保持健康，健康的皮肤才会看起来水润有光泽。保湿和防晒是护肤的两大核心要素，保湿是我们面子工程的基础。保湿没做好，防晒做得再认真，皮肤也不会好看。

4. 换季时节皮肤出状况怎么办？

当季节变化的时候，我们的皮肤因为不适应自然环境的改变而出现皮肤问题，是非常普遍的。如果在相同季节出现过类似的皮肤问题，就要做到"吃一堑，长一智"，在换季时及时采取一定的防范措施。如果不了解自己的情况，还是建议就医。

5. 皮肤科就诊后，医生给我开了外用激素，能用吗？

在专业医生的指导下合理使用，不用担心激素用在脸上会有什么不良后果。专业医生给你开具处方在脸上外用激素，肯定是出于病情或治疗的需要，而且会非常注意外用激素的类型选择。做到谨遵医嘱，就基本可以避免激素不良反应的发生。

6. 出汗是皮肤在排毒吗？

出汗虽然会带走一部分体内"垃圾"，但绝不是在"排毒"。而且，出汗过多反而会对皮肤乃至整个身体造成不小的伤害。我们的皮脂同样具有非常重要的生理功能，但分泌多了也不好，会出现一些皮肤问题，比如脂溢性皮炎、痤疮等。

7. 抗氧化是什么意思？

我们的皮肤在接触污染物以及紫外线照射时都会产生额外的氧化剂，当氧化剂的量超过了我们身体的清除能力，就会对我们的皮肤持续造成伤害，引起皮肤的早期衰老乃至皮肤癌的发生，所以我们需要抗氧化措施来保护我们的皮肤。

Chapter3

护肤品这么多，
你要怎么选

1.

如何选择皮肤保湿剂

　　市面上有这么多种"皮肤保湿剂"，该如何科学选择？皮肤保湿剂的剂型主要分为精华液、乳液或者霜等，这个我就不多讲了。这一节我们来聊一聊保湿剂的作用机制，通过对作用机制的了解，我们就知道自己的皮肤该如何选择保湿剂。

　　第一类是封闭剂，就是通过涂抹后在皮肤表面形成保护层，从而阻挡涂抹部位水分的丢失而达到保湿的效果，比如硅油、凡士林、大分子胶原蛋白和玻尿酸等。强调一下，硅油不致癌！在后面的章节我会专门讲到。

　　第二类是吸湿剂，能吸收空气或者真皮中的水分达到保湿的效果，比如甘油、尿素霜等。玻尿酸也具有吸水性，但玻尿酸的最佳"工作场所"是在真皮。所以，如果玻尿酸能到达真皮，那就是很棒的。如果到不了真皮（比如大分子玻尿酸，肯定渗不进去），那就会在皮肤表面形成一层膜，发挥从空气中吸湿的作用，还起到一定"封闭剂"的作用，也不赖。但为了减少涂抹在皮肤表面却吸收自身真皮中水分这种"拆东墙补西墙"的行径，外用玻尿酸的浓度不能高。适宜的浓度可以吸收空气中的水分到表皮，但不吸收真皮里的水分到表皮。甘油也是如此，合适的浓度是10%~20%。有些朋友选择外用"开塞露"来保湿，其实有些开塞露的甘油浓度超过50%，这个浓度太高了，涂抹到皮肤以后反而会吸收自身皮肤真皮里的水分到表皮，不好！

第三类是皮肤屏障修复剂，就是说如果我们的皮肤屏障存在问题，锁不住水，加速皮肤丢失水分的过程，那就可以用这种修复剂来补充皮肤屏障中不足的成分，主要是各种天然的皮脂，尤其是神经酰胺。皮肤屏障被修复了，自然就能恢复出众的保湿能力。

所以，如果你的皮肤没有明显问题，但有一定的保湿需求，那上面三种类型的保湿剂随你选用。如果能兼顾表皮保湿和真皮保湿，那效果肯定是最好的。如果你的皮肤有一些炎症或者敏感性高，那最佳的选择是皮肤屏障修复剂。如果你的皮肤整天油汪汪的，从来不觉得脸干，你可以暂时不用保湿剂。

上面几类不同作用机制的保湿剂，如果配合使用，有什么诀窍吗？不瞒大家，里面还真的有不少学问。两种不同机制的保湿剂配合使用，有的时候是 1+1 = 2 或者 1+1 > 2 的效果，但使用不当可能会起到 1+1 < 2 的效果。

比如先涂抹一层具有甘油成分的护肤品，然后上面再抹一层皮肤屏障修复剂。在这样的用法下，甘油无法吸收空气中的水分而起到该有的作用，皮肤屏障修复剂因为甘油的阻隔也不能发挥最直接的屏障修复作用。所以合理的使用顺序，应该是先涂抹皮肤屏障修复剂，再覆盖吸湿剂或封闭剂。

2.

保湿三剑客：保湿精华、保湿乳液和保湿霜

在我的微信公众号后台，经常有读者问我："我有保湿精华、保湿乳液还有保湿霜，该如何配合使用？"

在回答这个问题前，我们先来了解一下这三种宝贝：保湿精华呈透明水样，会有少许黏稠。保湿乳液和保湿霜看似不同，但其实是同一种半固体剂型，但乳液水分多一些，所以乳液比较"稀"，霜比较"稠"。

保湿类护肤品的使用原则，其实跟很多皮肤病的治疗原则是一样的。以慢性荨麻疹为例，如果你根本没有荨麻疹，自然是不需要服用抗组胺药的。

所以，如果你是个"大油田"（油性皮肤），脸上油汪汪的，皮肤屏障没啥大问题，平时也不会觉得干；到了秋冬天，油田产量会少一些，但脸上还是没有干的感觉，那你需要外用保湿护肤品吗？答案是，你可以不用。如果平时不用洁面乳这些玩意儿洗脸，只用清水洗，脸根本不干，那么保湿护肤品可以不用。如果你每天用去油效果比较强的清洁产品，洗完脸后倒是可以涂抹一些保湿类护肤品。

如果你本身是干性皮肤、敏感性皮肤或者混合性皮肤，日常当然要做皮肤保湿护理。秋冬季更是如此，因为秋冬季脸上的皮脂和汗液分泌会减少，皮肤屏障会很薄弱。那这个时候该如何保湿呢？我们还是拿慢性荨麻疹来做比喻，如果吃一种抗组胺药就能控制 24 小时以上的病情，

那真的挺好的，就用一种就行了。如果你每天用一种保湿护肤品就能让脸再也不干燥，那何必再用其他保湿护肤品呢？

护肤品也要根据个体皮肤的实际需要而使用，并不是多多益善。所以，一种保湿护肤品能解决问题，就无需使用两种。至于用什么类型的保湿护肤品，无论是保湿精华，还是保湿乳液和保湿霜都可以。

如果一种保湿护肤品解决不了你的问题，用了还是觉得脸干，那你可以换另一种产品试试，不行的话再换一种。如果一种保湿护肤品实在解决不了问题，那可以用两种，实在两种不行就用三种。这跟荨麻疹的治疗也是差不多的。但每次连用三种保湿护肤品才能解决皮肤干燥问题的可能性，几乎为零。

所以，如果保湿精华、保湿乳液和保湿霜放在你面前，你可以任选一种使用，效果不行就换一种。如果要用两种，建议使用保湿精华 + 保湿乳液，或者保湿精华 + 保湿霜。如果真是干燥到需要联合使用三种，那我建议一定要去医院看一看，身体有没有其他毛病。如果没问题，那使用顺序肯定是这样的：水→乳→霜。

护肤品

3.

超实用的保湿剂用量和使用技巧

关于保湿类护肤品的用量

如果是保湿膏,用量是食指的最远关节那么长,这就是我们常说的"指尖单位"(FTU)。

如果是乳液或霜型,就是挤出人民币一角钱硬币那么大,约0.5 g。这些用量可以涂抹大概一个手掌正反面那么大的面积(当然,按硬币法,手掌特别大的人会嫌不够)。

如果涂抹在脸上,一般需要两个FTU(软膏型)或者两个一角硬币(乳液型,大概一块钱硬币大小)的量。

如果涂抹整个面颈部,则相应增加用量。同样的,脸大的朋友要注意,一块钱可能不够你花。

关于保湿类护肤品的用法

洗澡后5分钟以内涂抹效果最好。涂抹方法是分散点开在皮肤上,然后均匀涂抹。

高级护肤品和医用级护肤品选哪个

护肤品

关于高级护肤品和防腐剂，很多人不理解：你这么高级，卖这么贵，为什么还要加防腐剂呢？说到防腐剂，我们先说说不含或少含防腐剂的医用级护肤品。

医用级护肤品主要是针对敏感性皮肤而设计的，对那些皮肤容易过敏或者皮肤屏障受损的人群尤为适宜，其特点是不含或少含色素、香料、防腐剂等易引起皮肤敏感的添加剂。就是说不含防腐剂的医用级护肤品主要针对一些存在问题的皮肤，因为其安全性高，也适用于健康皮肤的日常护理。

市场上各种普通护肤品，大多数都含有防腐剂和各种添加剂，成分比较复杂。即使是一些价格昂贵的高级或"奢侈"护肤品，也同样如此。你是不是觉得不合理？不科学？就像高级私房菜，你菜卖这么贵，为什么还会加味精？是不是可以不加啊？

其实我觉得没有必要钻牛角尖。我们日常生活根本中躲不开防腐剂。无论是食品、护肤品、洗涤用品，只要不是纯天然的，为了长久保存，都会不同程度添加防腐剂。但是，只要所含的防腐剂浓度不超过科学论证的限定标准，你根本不用担心会对身体有什么影响。就像以前疯传的"长期使用沐浴露会得乳腺癌"一样，都是谣言。

所以，如果是正常皮肤需要日常护理，你既可以选择不含防腐剂的医用级护肤品，也可以选择含防腐剂的普通护肤品。只要是正规厂家生产的，符合质量标准的，你都可以放心使用。如果你是敏感性皮肤，那还是选择不含或少含化学添加成分的医用级护肤品更安全些。

5.

如何选择适合自己的眼霜

护肤品

眼霜是很多女性朋友喜爱的化妆品。毕竟眼睛是心灵的窗户，细心呵护窗户旁边的墙壁的确挺重要的。很多女性早早就开始把眼霜用起来，主要目的就是为了预防眼周的细纹和皱纹。

那年轻女性该如何选择适合自己的眼霜呢？我建议用最基础的眼霜就行了。最基础的意思就是，用有简单保湿作用的眼霜就行了。另外，眼周的皮肤也要注意防晒，涂抹保湿眼霜后再盖一层轻薄不油腻的防晒霜就好。

如果眼周皮肤已经有细纹或者皱纹了，那该如何选择？用保湿作用的眼霜就行了，皮肤含水率升高后，细纹就会得到明显的改善；还可以用含有肽类成分的眼霜，比如乙酰基六肽、乙酰基八肽、棕榈酰寡肽、棕榈酰三肽、棕榈酰四肽等成分，可以舒缓细纹和静态皱纹；当然也可局部注射玻尿酸或者胶原蛋白。如果已经形成明显的动态皱纹，你就不能再指望眼霜帮你解决问题了，必须通过注射肉毒素或其他光电治疗等专业手段来解决。

接下来谈谈黑眼圈的问题。有一种黑眼圈其实看上去是青色或蓝色的，其形成原因是眼周皮肤血管的血液淤滞。另一种黑眼圈是茶色的，主要是因为各种因素造成的眼周色素沉着。还有一种结构性黑眼圈，眼袋比较大，眼睛下方可能形成阴影。

"黑眼圈"主要分为血管性和色素性两种。如果是血管性的，现有各类眼霜作用轻微，还不如每天做眼保健操促进血液循环效果好。建议平时用基础眼霜就行了。如果出于社交或工作需要，可以用眼部遮瑕膏暂时对付一下。对付色素性黑眼圈，可以选用含有抗氧化成分如维生素C、维生素E等，或者含有褪色素成分如熊果苷的眼霜。当然了，解决色素性问题，防晒是重中之重。另外还可以直接到医院使用专门的褪色素药物治疗，例如氢醌。

眼袋的形成也有很多原因，有些是水肿性的，有些是皮肤松弛引起的，还有些是眼睛下方的脂肪或者肌肉比较突出引起的。眼袋因为其下方阴影的存在，本身可以造成或加重黑眼圈的外观。

如果每天早上起床眼袋就特别重，就不要急着涂眼霜来解决了，先到医院看一看，查一下小便，排查一下肾脏是不是有毛病。如果肾没毛病，就是水肿性的眼袋，那么"基础眼霜＋局部按摩"就可以解决问题。有些眼霜声称有排水作用，如果是正规牌子的，你可以试试，两周后看效果。如果是眼睛下面的肌肉或者脂肪突出形成的所谓"眼袋"，采用激光或手术治疗的话很棘手，效果和高风险并存，眼霜的作用不大。

眼周皮肤有皮炎、湿疹怎么用眼霜？这种情况我想反问一句："你可以不用眼霜吗？"如果实在要用，你先在眼周用一点皮肤屏障修复类的护肤品，再抹眼霜，这样可以减少眼霜对皮肤可能存在的刺激。因为有皮炎、湿疹的皮肤，皮肤屏障是不完整的，很容易和眼霜"起冲突"。所以，先上一层起保护作用的护肤品，再抹眼霜，这样对于眼周皮肤来说就会安全很多。

最后提醒大家，无论是什么牌子的眼霜，第一次使用都一定要先小范围地试用。为啥？观察会不会过敏呗！再啰唆一点，防晒的工作，即使是眼睛周围的皮肤，也不能忽视！

护
肤
品

6.

"脂肪粒"这个锅，眼霜不背

我们俗称的"脂肪粒"，主要是三种病：粟丘疹、汗管瘤和白头粉刺，它们都容易出现在眼睛的周围。很多女性，只要眼睛周围皮肤出现"脂肪粒"，自己又有眼霜使用史，就会高度怀疑脂肪粒的出现跟眼霜有关系。"眼霜"如果是一个人的话，她可能会觉得自己是窦娥转世。

粟丘疹是起源于表皮或附属器上皮的良性肿物或潴留性囊肿，常在一些皮肤炎症后出现，比如擦伤、搔抓部位。通常表现为乳白色或黄色的、针头至米粒大的坚实丘疹。相信我，粟丘疹跟用眼霜没关系的。粟丘疹的治疗可以到正规皮肤科，在局部消毒后用无菌针头挑除。注意哦，这可不是在家用打火机烧一烧缝衣针就能干的事情，消毒不够，很容易继发细菌感染的。

汗管瘤是一种常见的良性皮肤肿瘤，好发于眼睑尤其是下眼睑，女性患者比较常见，患病和内分泌有一定关系，并且有一定的遗传倾向。从发病机理看，汗管瘤跟眼霜使用也没有任何关系。那么，汗管瘤怎么治疗呢？原则上可以不治疗，因为是良性的。但很多朋友嫌汗管瘤不好看，想治疗，怎么办？那就做激光吧，比如 CO_2 激光。治疗有两种可能后果，你一定要先知道：

（1）因为汗管瘤的"根"还是很深的，在皮肤较深层，所以如果要把汗管瘤清除干净，是有留瘢痕的风险的，这一点很重要。如果出现瘢痕，往往会很明显，比汗管瘤本身更明显。

（2）如果害怕留瘢痕，可以治疗得浅一些，把皮肤表面的凸起部分消灭掉，虽然可以减少留下瘢痕的风险，但因为汗管瘤的根部依旧存在，所以治疗后是可能复发的。

白头粉刺是第三种经常被误认为是"脂肪粒"的皮肤病。白头粉刺是闭合性粉刺，属于痤疮（痘痘）的一种常见的临床表现。痤疮跟雄性激素、皮脂分泌过多、毛囊皮脂腺导管角化过度等因素有关，外观呈肤色或浅白色的小丘疹状，很容易被误认为是"脂肪粒"。黑头粉刺是开放性粉刺，暴露在空气中的部分因为被氧化而呈黑色，因为黑，所以不会被误会成"脂肪粒"。粉刺的治疗方式主要是外用维 A 酸、果酸或水杨酸，但都必须在医生指导下使用。

所以说，经常被大家认为是"脂肪粒"的三种皮肤疾病，有各自的发病原因，跟使用眼霜都没啥关系。至于有些眼霜声称自己可以去除眼周的"脂肪粒"，在我看来，就是彻底的虚假宣传了。

护
肤
品

面膜越贵越有用吗

人人都爱面膜，当然，主要是指女性朋友们。面膜使用方便，敷面膜时的那份宁静（搭配一本"心灵鸡汤"类图书效果更佳），揭下面膜那一刻的水嫩舒适感受，都是无可挑剔的体验！不过，面膜的选择可是大学问。

选择面膜时，广告声称有多种不同美容效果的要当心了。所含成分越复杂的面膜，越容易过敏！特别是过敏体质的同志们，慎重！

选择面膜，不是越贵越好，而是适合自己的才是最好的！欧美日韩加国内，面膜种类不下数百种，价格差异可以说有天壤之别！广告投入的多少，往往决定了面膜的价格，而不是效果！

选择面膜，网购途径尽量远离。网购面膜，尤其是价格低廉的爆款面膜，有些牌子听都没听说过的，但好评能上天，建议大家碰都不要碰，别太相信网络评价。我曾经写过这一类面膜的危害：

（1）一些号称具有美白、祛斑作用的面膜可能添加了荧光增白剂，这种成分可以使皮肤暂时获得亮白的效果，但长期接触会对皮肤产生危害，荧光剂有致癌的风险。另外荧光剂本身是一种化合物，容易导致过敏的情况发生。

（2）一些面膜声称具有抗过敏作用，适用于敏感性皮肤，有可能是厂家在里面添加了糖皮质激素（简称激素）成分，这种情况之前已有过不少报道。激素可能缓解脸部过敏的症状，但长期使用容易形成激素依赖，也就是常见的激素依赖性皮炎，会出现明显的红血丝甚至皮肤萎缩，治疗起来非常棘手。

（3）一些号称有祛痘作用的面膜，可能在里面添加了抗生素成分。长期使用后，经皮肤吸收进入血液循环，会导致细菌对抗生素产生耐药性。

我国的药品监督管理局每年都会抽查很多次化妆品，包括面膜。曝光的不合格产品的问题，主要就是出现了上述情况。

买面膜，尽量选择品牌大、渠道正规、价格适合你的那种，可以去国家药品监督管理局官网的化妆品版块，查询品牌有无质量问题。一定要注意购买渠道，以免买到假冒伪劣产品。医用级护肤品牌的功效性和安全性更高。如果你的面部有一些比较困扰的皮肤问题，可以先去正规医院皮肤科看一下医生，听取一些建议再选择合适的面膜！

质量好的面膜长期使用比较令人放心。有些明星宣称一年可以用六七百张面膜甚至更多，平均每天两张。我觉得这样使用的频次太高了，其实面膜的说明书上写的一般都是每天一次或者一周用两三次。但即使如此，一年下来估计我们也能用一两百张面膜，数目也已经不小了，所以面膜长期使用的安全性非常重要。

我一直强调，成分越简单的面膜就越安全。面膜敷一次后，如果能给皮肤带来较长时间保湿、锁水的效果，那就是很好的产品。皮肤只要持续地保湿，就会非常好看。这样的面膜不光可以长期使用，而且因为成分简单，引起过敏的概率也很小，比较安全。

说到这里，新的问题又来了，面对涂抹式面膜和片状面膜，我们到底该如何选择呢？

片状面膜，无论是普通的还是医用级的，因为是使用固体材质作为载体，在面部敷上20分钟，都是起到相当于"短期封包"的作用，增

加皮肤表皮的含水量。也就是说，片状面膜的最大功效就是保湿，而保
湿效果的强弱，就要看这个面膜含有什么成分了。

面膜实际含有的成分决定保湿效果的长短，比如医用级面膜，敷完
面膜后停留在皮肤表面的胶原蛋白或者大分子玻尿酸会继续起到封闭作
用，发挥保湿效果。如果面膜中含有的玻尿酸是小分子甚至微分子，能
部分渗入表皮甚至真皮浅层，那就很厉害了。

再来聊一聊涂抹式面膜。涂抹式面膜有不透明的和透明的两种。用
了不透明的泥膜，尽量不要跑出去吓人。这一类面膜涂了 20 分钟后，
有些就会变得很干，呈固体状，需要撕下来，有些则还是湿润半固体状。

涂抹式面膜的封闭性没有片状面膜强，所以保湿效果比片状面膜
稍弱一些。但是优点也很突出，比如想涂哪儿就涂哪儿，比片状面膜
更灵活。因为绝大多数人的面部肤质都是混合性的，面中部油一些，
面部周边干一些，或者面颊部位又会时常敏感泛红（这种表现一般会
在秋冬天更加突出）。

涂抹式面膜的作用不是单纯为了保湿，而是通过一些有效成分的添
加发挥其他的功效，比如清洁皮肤、去除油脂、缩小毛孔、舒缓面颊泛红、
安抚敏感皮肤、提亮肤色等。

不同作用的涂抹式面膜，应根据面部不同部位皮肤的实际需要有针
对性地使用，这样的好处是精准打击，安全性高。可以在不同区域涂抹
不同的面膜，当然前提是你不嫌麻烦。不过涂抹式面膜即使是透明凝胶
状的，使用后都需要先进行清洗，然后再使用其他保湿类护肤品。这一
类面膜的使用应放在洁面后。

所以，如果你需要的是保湿，那么片状面膜可能更符合你的需要；
如果有其他的护肤需求，涂抹式面膜也许更有针对性。总之，大家根据
自己的实际需求选择就可以啦。

医用级护肤品可以用在正常皮肤上吗

根据国家质检总局公布的《化妆品标识管理规定》的定义，化妆品是指以涂抹、喷洒或者其他类似方法，散布于人体表面的任何部位，如皮肤、毛发、指趾甲、唇齿等，以达到清洁、保养、美容、修饰和改变外观，或者修正人体气味、保持良好状态为目的的化学工业品或精细化工产品。

而护肤品，是化妆品中的一类，是起到保护皮肤作用的护肤产品。我们平时口头上经常说的化妆品，主要指的就是护肤品。

很多朋友也听说过"医用级护肤品"，但有时会搞不清楚医用级护肤品和我们日常用的普通护肤品的区别，会以为和医院有关，是患者专用的。以前医用级护肤品又叫"药妆"，容易造成误解。其实医用级护肤品不是药品，一般不在医院的药房出售（具有器械批文的保湿护肤品除外），大多还是"妆"字号批文，所以在医院外采用多种销售渠道进行销售。

上面提到了药妆，药妆是国外"COSMECEUTICAL"的中文译名。国内没有专门的药妆批文，所以真正能称为"药妆"的主要是一些进口护肤品牌。正因为我们国内没有药妆批文，所以国外药妆进口到国内的基本都是"国妆备进字"。就是说，是"妆"字号的。药妆的产品要求很高：配方精简，功效显著，不含色素、香料、防腐剂和表面活性剂。

因为成分简单，所以安全性很好。

那医用级护肤品又是什么？和大家听说的药妆是一回事吗？

医用级护肤品的定义是医生用于辅助治疗皮肤病的护肤品。具有三个特点：一、更高的安全性；二、明确的功效性；三、多家医院临床验证。医用级护肤品对成分的要求是不含或尽量少含色素、香料、防腐剂和表面活性剂。看上去医用级护肤品的成分没有药妆那么精简，那是不是就不安全了呢？

其实不是，因为医用级护肤品经过了多家医院（基本都是国内三甲大型医院）的大规模临床验证，所以安全性是非常可靠的。药妆和医用级护肤品的安全性高，又有明显功效性，也是包括我在内的很多皮肤科医生推荐大家选用的原因。

有些护肤品经过工艺的改进、成分的精简，特别是经过临床功效性和安全性的验证，满足国家的法律法规，就可以拿到医疗器械批文。也就是说这一些护肤品属于医疗器械，但同时也属于我们概念上的"医用级护肤品"。

所以说医用级护肤品可以是经典的"妆"字号，也可以是"医疗器械"批文。而"药妆"都是"妆"字号的，应该比"医用级护肤品"覆盖的范围小一些。所以，"药妆"和"医用级护肤品"的概念在我看来还是有不小的差异的，并不是一回事。

鉴于国内根本没有"药妆"批文，所以我觉得"医用级护肤品"这个概念更值得推广，能很好地区别于"普通护肤品"，这样也有助于消费者理解和选择。

医用级护肤品与普通护肤品相比，具有更高的安全性以及明确的功效性。医用级护肤品原料经过严格筛选，不含或少含易损伤皮肤或引起皮肤过敏的物质，配方更精简，其保湿和修复皮肤屏障功能的主要成分

护肤品

作用机制明确。

那关键的问题来了，如果皮肤没有毛病，没有老化，没有痘痘，没有过敏，没有色斑……反正就是皮肤看上去很好，可以用医用级护肤品或药妆吗？用了以后会不会产生依赖？会不会功效太强，用了以后再用其他护肤品就没有效果了？

医用级护肤品和药妆里面没有大家害怕的激素类药物成分，没有抗生素，更没有汞和其他重金属，所以完全不用担心产生依赖和其他不良反应。值得强调的是，使用这两者的过敏或刺激反应发生率更低！

至于"因为医用级护肤品和药妆功效性强，所以会使得其他护肤品失去效果"的说法，更是杞人忧天。记住，这两者毕竟不是药品。即使是药品，也很少会存在"强效的用了以后，弱效的就失去疗效"的说法。

医用级护肤品和药妆具有很多功效，包括维护和修复皮肤屏障功能、保湿、抗氧化等，这些功效也是正常皮肤保养所需要的。而且因为其安全性高，所以正常皮肤将其作为日常护肤品来使用是没有问题的。

说了这么多，也不是说医用级护肤品和药妆以外的护肤品就不好，几块钱的廉价护肤品，大几千的昂贵护肤品，都有人喜欢有人爱，这很正常。你用了觉得好，那就是真的好，跟价格、品牌都无关。

有一点很重要，没有什么是绝对安全的！所以专业医生推荐给大家一些护肤品，包括医用级护肤品的时候，会详细地说明使用的注意事项，比如该如何最大限度地发挥功效并规避不良反应的发生，这就是医生的"专业"之处。

9.

药膏和护肤品该先用哪个

外用药物是皮肤科医生最趁手的治病武器。门诊很多患者会问我这样的问题："强哥，你开了这个药膏，也告诉我一下在什么时候用。如果我平时还要用护肤品，那是先用药膏，还是先用护肤品呢？"

真是一个实在又重要的问题！外用药物有很多种，有一些就是起滋润护肤和保湿的作用，我们把这些先排除在外，主要谈一谈那些有特殊成分和明确治疗作用的药膏。什么意思呢？就是说这些药膏的主要成分，是需要通过皮肤吸收，进入表皮、真皮甚至更深的部位才能发挥疗效的。

再看看护肤品，护肤品也有很多种，有些主要是覆盖在皮肤表层起保湿作用，没有特殊成分。有些含有一些功效性成分，比如抗氧化成分，必须要被皮肤吸收后才能起作用。

好，回到一开始那个问题！

打个比方，你的脸过敏了，医生给你开了晚上使用的药膏，并建议你停用洗面奶和所有护肤品。你说："医生，我觉得这样脸很干啊！"于是，医生在给你处方抗过敏药膏的同时，会再给你处方可以滋润皮肤的药膏，或者让你自行购买成分非常简单的基础保湿护肤品，比如硅油、凡士林等。

这种时候，使用顺序应该是怎样的呢？我的建议是，先清水洗个脸，然后使用具有治疗作用的药膏，局部涂薄薄一层，轻柔按摩，促进吸收。

至少半小时以后，局部擦拭一下残留的药物，再使用保湿护肤品。因为反过来先使用保湿护肤品的话，可能会影响药物的吸收。像硅油、凡士林这样的护肤品，属于"封闭剂"，就像墙上抹了一层乳胶漆，通过减少皮肤丢失水分来达到保湿的作用，但这层"乳胶漆"会影响皮肤对其他药物的吸收。

如果是配合使用其他类型的保湿护肤品，比如"吸湿剂"、尿素或甘油之类的护肤品（不会产生"封闭"作用），是先用药膏，还是先用护肤品？我觉得这种时候谁先谁后都可以。但记住，一定要在两者间留至少半小时的时间间隔，来按摩促吸收；另外，使用第二种前，要擦拭掉之前残留的药膏或者护肤品。

但是，我们也不用钻牛角尖，从而把自己的思维限制住了。什么意思呢？比如医生给你开了一个药膏，叮嘱你每天使用一次。而你自己有每天早晚使用护肤品的习惯，那么你完全可以把药膏放到白天使用，没有必要一定要放到早或晚使用，这样就能解决使用顺序的问题了。

神奇的美白丸到底好不好

网络上超级火爆的日本某品牌美白丸，听说是美白丸界的 No. 1，网络上很多人用后留言都说好。怀着好奇心，我仔细看了该美白丸的介绍，虽然很遗憾我基本看不懂日文，但包装盒上有一句话我看懂了——"特許取得健康食品"。也就是说，这种美白丸就只是有保健作用的食品而已。

这款美白丸的主要成分包括：

（1）印度树提取物：Blancnol®，可以"清除过脂化黑细胞中的黑色素"。（这些术语我怎么没听说过？我简直太丢皮肤科医生的脸了⋯⋯）

（2）桃花精华。（啥具体细节介绍都没有，搞不清这个精华有啥用。）

（3）哈密瓜提取物：GliSODin。（SOD 是不是很熟悉？我们的某国产名牌也有，不过是外用的，抗氧化作用还是不错的。）

（4）透明质酸。（也就是玻尿酸，它的注射效果是公认的，但要通过口服，经过消化道吸收，进入血液，再进入皮肤？这个跟口服胶原蛋白有什么区别？能有多大用？）

（5）维生素 C。（这个大家都知道，口服维生素 C 具有一定的抗氧化作用。）

上面就是这一日本美白丸的具体成分。我个人认为，其实所谓美白丸就是一种具有抗氧化作用的食用保健品。当然，也可能我总结得不太到位，欢迎大家批评指正。

那么问题来了？这个美白丸可以吃吗？有美白作用吗？

第一，既然它取得了日本的食品上市许可，那说明质量不会太差，吃进肚子应该还是安全的。

第二，理论上抗氧化作用的成分是有助于美白的。我科普过很多的食品和饮料，比如绿茶、黑巧克力、咖啡等，都含有丰富的可抗氧化的多酚类物质。适量食用，有助于健康。

我唯一不理解的是，现在怎么能把美白丸吹得这么神奇！你们看看网络上，一个个"亲身体会""使用心得"……说得神乎其神，只吃一个月就全身变白了？这怎么可能呢？

明明不是药品，就是一种保健食品，把效果吹得神乎其神，有点儿过了。所以，对美白丸这一类的保健食品，不差钱的朋友尽管买，就是期望值放低一些就行了。还是那句话，有些事情你要是太认真，那你就输了！

强哥答疑

1. 保湿护肤品应该怎么选?

如果你的皮肤没有明显问题，但有一定的保湿需求，那可以随意一点选择。如果你的皮肤有一些炎症或者敏感性高，那最佳的选择是皮肤屏障修复剂。如果你的皮肤整天油汪汪的，从来不觉得脸干，你可以暂时不用保湿护肤品。

2. 保湿精华、保湿乳液、保湿霜，我该用哪一个?

你可以任选一种使用，效果不行就换一种。如果要用两种，建议搭配保湿精华＋保湿乳液，或者保湿精华＋保湿霜。如果真的皮肤干燥到需要联合使用三种，那我建议你一定要先去医院看一看，身体有没有其他毛病。如果没问题，那使用顺序肯定是这样的：水→乳→霜。

3. 医用级护肤品一定比其他护肤品好吗?

医用级护肤品主要是针对敏感性皮肤而设计，对那些皮肤容易过敏或者各种原因导致皮肤屏障受损的皮肤尤为适宜。如果你是正常皮肤需要日常护理，你既可以选择不含防腐剂的医用级护肤品，也可以选择含防腐剂的非医用级护肤品。只要是正规厂家生产的，符合质量标准的，你都可以放心使用。如果你是敏感性皮肤，那还是选择不含化学添加成分的医用级护肤品更安全些。

4. 什么样的眼霜才适合我?

年轻女性用用简单保湿作用的眼霜就行了。如果眼周皮肤已经有细纹或者皱纹了，用保湿作用的眼霜或含有肽类成分的眼霜可以舒缓细纹和静态皱纹。如果已经形成明显的动态皱纹，你就不能再指望眼霜帮你解决问题，必须通过注射肉毒素或其他光电治疗等专业手段解决。此外，防晒的工作，即使是眼睛周围的皮肤，也不能忽视！

5. 面膜贴的好还是涂的好？

如果你需要的是保湿，那么片状面膜可能更符合你的需要；如果是有其他的护肤需求，涂抹式面膜也许更有针对性。总之，大家根据自己的实际需求选择就可以啦。

Chapter 4

化妆品的选择
也有大学问

1.

关于化妆品添加，你是不是白担心了

劣质化妆品"劣质"在哪儿

国家药品监督管理局经常会公布各类化妆品抽查公告，包括面膜、面霜、防晒霜甚至染发剂等。我总结了一下，这些"上榜"化妆品最主要的问题有三个：含糖皮质激素（简称激素）、含有毒物质或者存在微生物污染。说句大白话，这可都是不得了的事，谁用谁倒霉。

当然了，很多不良反应不是马上就出现的。甚至有些朋友用了以后，开始感觉会非常好。比如有些面膜或者面霜里面含激素，脸上有些过敏的人，用了第二天就会感觉皮肤改善好多。但用时间长了就惨了，面部皮肤变黑、变红或者变薄，甚至会形成激素依赖。至于含有毒物质或者微生物污染，那就不光是危害皮肤健康，而是危害整个身体健康了。

江苏电视台曾有报道："女子莫名失眠两年，原来是面霜含毒！"什么"毒"？汞超标！汞就是水银，对于水银，我一直怀有敬畏之心，以前用水银温度计测体温的时候，就怕一不小心把温度计给咬破了，因为大家都知道汞有毒。汞属于化妆品中的禁用物质，但考虑到化妆品中一些生产原料本身可能含有微量汞，所以我国规定化妆品中汞的含量不能超过 1mg/kg。如长期使用汞超标的化妆品，当人体吸收多了以后，就会汞中毒，对身体伤害很大。

化妆品里的防腐剂对人体有危害吗

很多人对化妆品里的"防腐剂"非常敏感和恐惧，因为网络上很多的文章都说这些防腐剂，比如被化妆品、食品广泛使用的 Parabens，对健康很不好，甚至会导致乳腺癌！

这么可怕，为什么很多化妆品还要添加防腐剂？一些化妆品中由于添加了营养物质，容易引起微生物繁殖，在这些化妆品中加入防腐剂（如Parabens）是为了防止微生物使化妆品变质，可以延长保质期。

我找到了美国食品药品监督管理局关于化妆品防腐剂 Parabens 的权威解释，将其翻译成中文如下：

（1）Parabens 有哪些？化妆品中最常使用的防腐剂 Parabens，包括对羟基苯甲酸甲酯、对羟基苯甲酸乙酯、对羟基苯甲酸丙酯和对羟基苯甲酸丁酯（大家经常会在化妆品说明书上看到）。

（2）Parabens 在化妆品中使用时是否安全？它们与乳腺癌或其他健康问题有关吗？美国食品药品监督管理局的科学家继续审查已发表的关于 Parabens 安全性的研究。目前并没有资料显示，在化妆品中使用的 Parabens 对人体健康有影响。

无论是我国的化妆品管理部门，还是美国食品药品监督管理局和欧盟的相应机构，都对化妆品里的防腐剂的含量提出了明确的上限。意思就是说，只要防腐剂的含量不超标，根据现有的临床数据，它就是安全的。

但是，如果防腐剂的含量超标了，那就是不合格产品，安全性自然也就没有保障了。

化
妆
品

2.

化妆品"过敏"是怎么回事儿

作为一名皮肤科医生，我是深知化妆品可能对皮肤造成的一些影响的。我国的药品监督管理局每年都会抽查出很多有质量问题的化妆品，在官网我们可以直接查到这些公告信息。如果使用这些上榜的化妆品的话，肯定会对我们的皮肤甚至全身各系统器官产生不利的影响。

但是，我们要注意到，即使是质量合格的正规化妆品，有时也会给皮肤造成一些困扰。比如说，每天涂抹特别油腻厚重的护肤品，可能会诱发"痘痘"；每天往脸上涂抹特别多种类的护肤品，会让皮肤承受很大的"负担"，导致皮肤不能正常地"呼吸"，还可能会破坏皮肤的屏障功能，使皮肤在卸妆后变得非常敏感；还有就是在门诊经常碰到的化妆品使用后皮肤过敏的情况。

什么化妆品用了会过敏

一旦化妆品出现过敏的情况，患者通常会认为是化妆品存在质量问题，其实并不是这样。

劣质的化妆品可能会因为含有的一些刺激性很大的物质，对绝大多数使用者的皮肤造成伤害而导致不良反应，这种叫"刺激性接触性皮炎"，但这种反应不是过敏。我们经常说的化妆品过敏，其实是一种"变态反应性接触性皮炎"，只会出现在很小一部分的使用者身上。这是因为个人体质不同，而对这一种化妆品的某一个成分发生的过敏反应，发生的概率并不高。

对于化妆品过敏，你需要先掌握以下这些知识：

（1）化妆品过敏，**和价格无关**。不是说越高级、越贵的护肤品就越不容易过敏，便宜的就容易过敏。

（2）化妆品过敏，**跟用量无关**。不是说往脸上抹多了就容易过敏，抹少了就不过敏。

（3）化妆品过敏，**跟成分无关**。意思是说，并不是中药成分或纯天然成分就绝对不会过敏，其他非中药成分就容易过敏。

另外还要提醒以下两点：

（1）**杂牌的化妆品，虽然不一定会引起皮肤过敏，但的确更容易出现质量问题**。所以我的个人建议是，能不用就不用。

（2）**越厚重、油腻的化妆品，越容易堵塞毛孔**。痘痘不算过敏症状，但也挺让爱美的朋友们头疼的。所以喜欢化浓妆的朋友们，晚上回家要尽快把脸洗干净，能不化浓妆就不要化。

尝试新的护肤品，如何防过敏

如果我们准备开始用一个新牌子的化妆品，想要避免出现全脸的过敏反应，还是有窍门的。

那就是在第一次全脸使用前，最好先小范围试用。在商场试用是为了看效果，在家试用是为了观察有无过敏。再提醒一句，并不是你买了最贵的那个牌子，就不可能出现过敏；也不是化妆品柜台的销售人员跟你说不会过敏，就肯定不会出现过敏。

我们应该先取少量抹在局部，涂一薄层，观察至少 24 小时，最好是 48 小时。看有没有不适反应，比如红斑、脱屑、瘙痒，严重的时候

化妆品

还会出现红肿。如果没有不适反应，那你就可以放心地大范围使用。毕竟是用在脸上的东西，慎重一点儿没坏处，买回家了先小范围试用，等两天就等两天，要是脸上过敏了，那可就美不起来了啊！

其他一些涂抹在脸上的药物也是如此，第一次使用都先小范围试用，判断有无过敏或是刺激反应。

其实这是很简单的生活小技巧，大家在平时就要多注意。脸面上的事儿，从来都不是小事。抹在脸上的东西，先小范围使用，观察一定的时间，千万别急吼吼满脸抹东西，心里想着变美，结果却因为过敏变成了"大花脸"！

如果用了出现过敏反应，很多朋友会考虑到要如何退货的问题。第一步是去正规医院诊治，开疾病诊断证明；第二步，跟化妆品售后友好协商处理，没必要做出一些过激行为。

怎么避免用到过敏化妆品

要注意购买渠道，不要买到假冒产品。另外最好在购买化妆品前，上国家药品监督管理局官网的化妆品版块仔细查询这个产品是不是正规产品或者是否出现过质量问题。

我跟大家说一个我遇到过的真实病例。我曾接诊了一位外地患者，脸上过敏，特意赶到南京，来了以后从包里掏出一大堆化妆品，五颜六色。经询问得知是当地的一个著名美容院的产品，朋友推荐的，说用过的人都说好，东西也一点儿都不便宜。美容院的好与坏，我不去评价，我就提醒大家一点，如果在美容院消费的过程中，服务人员向你推销一些化妆品，你要看看有没有牌子，有牌子的话查一下正不正规。如果向你推荐的东西是啥牌子都没有的，说"这是秘制产品，一般人我不推荐给她"之类的诱人的话，你可别犯傻，还是捂紧你的钱包吧！

一些"三无"化妆品或者假冒伪劣化妆品，因为所含的成分质量没有保证，无论是种类、纯度还是工艺，都可能不符合国家标准。所以使用后出现问题的概率就明显增加了，包括皮肤过敏。

3.

化妆品"搓泥"怎么办

"搓泥"是指许多人在保养或上妆的程序中，脸上有类似白色脱屑物产生的情况，这种情况的出现可能有多种原因。

第一，你买了个假宝贝，质量有问题。据说很"高级"的某些护肤品抹在脸上，但好多"高级成分"却无法被皮肤吸收，不搓泥才怪。

第二，脸没洗干净，本身就还有很多"泥"（污垢），你还直接往脸上抹化妆品，搓两下，可不就悲剧了。

第三，这个化妆品的确是正规产品，但很遗憾，跟你"八字不合"！别人用上去好好的，结果你用在脸上就是不能被皮肤吸收，搓一搓全是泥。

第四，几种化妆品用在脸上，每种单独使用都没有问题，结果一起用就出现了搓泥。

如果是第四种情况就有些复杂了，原因很多，我来给你分析分析。

第一，不同化妆品之间起"冲突"了。你要两个、两个分别试一下，到底是哪两个在打架。确定了是哪两种化妆品之间有摩擦后，也先别急，调整一下使用顺序。比如你先用 A，再用 B 出现了搓泥，那你可以倒过来再试一下，先用 B 再用 A，看有没有搓泥。如果还有搓泥，那就说明A 和 B 的确不适合在一起用。你也不用追究为什么它俩不合适，这跟谈恋爱一样，不用解释。出现这种情况，你就要做出选择，继续用哪个，不再用哪个。

　　第二，如果先用 A 再用 B 会搓泥，但先用 B 再用 A 不会搓泥，那可能是使用顺序问题。如果 A 的成分是有些会在皮肤上残留的，比如大分子的胶原蛋白或者玻尿酸，那接着再用 B，比如一些霜乳，是有可能产生搓泥的。

　　第三，两种化妆品使用间隔太短了。如果你先用了一些精华液，还没吸收就往脸上抹霜乳，那是有可能出现搓泥的。所以大家记住，如果你要用爽肤水或者精华液，一定要等皮肤吸收，看上去干了以后再用霜乳。

　　第四，上面说的主要是非彩妆类护肤品使用时出现搓泥的可能原因。如果白天在基础护肤完成后还要化彩妆，就要使用隔离霜和粉底，或者因为有防晒需要还得抹点儿防晒霜，这种情况下出现搓泥的情况也很常见。有个朋友反映，白天外用玻尿酸以后立刻用防晒霜，出现了搓泥。我建议她等玻尿酸吸收以后再试试，或者把玻尿酸放到睡前用，那个时候不用防晒也不用化彩妆，自然也就没了搓泥的担忧。

　　当然了，再次强调，化妆品的使用还是越精简越好，这样对正常皮肤的保养而言是最好的。化妆品也是双刃剑，过度使用也会伤害皮肤。

化妆品

强哥答疑

1. 化妆品含防腐剂就是劣质产品吗？

一些化妆品中由于添加了营养物质，容易引起微生物繁殖，在这些化妆品中加入防腐剂是为了防止微生物使化妆品变质，可以延长保质期。无论是我国的化妆品管理部门，还是美国食品药品监督管理局和欧盟的相应机构，都对化妆品里的防腐剂的含量提出了明确的上限。意思就是说，只要防腐剂的含量不超标，根据现有的临床数据，它就是安全的。

2. 化妆品过敏是怎么回事？是产品问题吗？怎样才能避免呢？

化妆品过敏，和价格无关，跟用量无关，与成分无关。并不是中药成分或纯天然成分就绝对不会过敏，其他非中药成分就容易过敏。

杂牌的化妆品，虽然不一定会引起皮肤过敏，但的确更容易出现质量问题。越厚重、油腻的化妆品，越容易堵塞毛孔。

换用新的护肤品时，最好在第一次全脸使用前先小范围试用，观察24~48小时。

要注意购买渠道，不要买到假冒产品。另外最好在购买化妆品前，上国家药品监督管理局官网的化妆品版块仔细查询这个产品是不是正规产品或者是否出现过质量问题。

3. 家里长辈常让我不要化妆，说对皮肤不好，化妆品真的会伤害皮肤吗？

　　我们生活中的衣食住行，都避免不了接触化工产品，但从没有听说过人类会因此遭遇重大健康问题。化妆品在上市之前是经过了国家规定的安全性测试的，所以根本无需担心化妆品对皮肤会造成普遍性的伤害。

化
妆
品

Chapter 5

防晒这件事，
一年四季都要做

1.

这么做，炎夏也能白到发光

夏日炎炎，姑娘小伙们都露出了胳膊腿，走在路上，总有一些人白到晃眼，而你，可能是黑到忧伤。同样是"黑眼睛黑头发黄皮肤"的炎黄子孙，怎么人家就晒不黑呢？

那当然是因为人家防晒比你到位！为了变成白到发光的"夏日白炽灯"，我为你们准备了以下防晒大招。

首先，躲在室内，千万不要外出。真要出门请穿上长袍，上下检查确认包裹足够严实，一定要保证全身都照不到太阳。

其次，出门一定要戴好帽子、大号墨镜和超大号口罩，尽量在屋檐下、树荫下、别人的影子下行走。

听起来是不是防晒很周到？唯一的缺点就是，容易被人误会你是大明星，或者觉得你鬼鬼祟祟不像好人。

哈哈哈，真的这样做你就上当了。真要这么着，那还怎么认真工作生活？严肃正经一点，我们来说点儿真正实用的防晒方法。

第一，备好防晒护具。有防晒涂层的遮阳伞、大帽檐（帽檐边宽至少 7.5 cm）的帽子、深色的遮阳镜都是非常好的防晒工具，而且比起抹防晒产品，具有对皮肤更安全的优点，请随身携带。

第二，防晒服是很好的选择。紫外线防护指数（UPF）大于 40、UVA 透过率小于 5% 的，说明防晒效果好；相比颜色浅的，颜色深的衣物遮阳效果会更好；织物密度越高防晒效果越好。当然了，如果是紫外线不强的季节，穿长袖、长裤就可以起到很好的防晒作用。

第三，选用适合自己的防晒化妆品。这点女性朋友很容易做到，但绝大多数男同胞估计要皱眉，因为防晒化妆品对于他们来说使用感并不是很好，上脸总觉得滑滑腻腻的，哪儿哪儿都不自在。不过现在也有一些喷雾型的防晒化妆品，使用感相对清爽一些，男同胞们可以选用。在不同的纬度、季节、天气、环境下，防晒化妆品的选用也是有很多讲究的，关于这一点，我会在下一节给大家详细说明。

第四，防晒不要忽视耳朵。很多人不觉得脸侧的耳朵外观有多重要，但我要认真地提醒大家，尤其是喜欢 45° 角自拍的你们，耳朵的美也是非常重要的。如果脸护理得很好，看起来白嫩有光泽，耳朵却暗黄而粗糙，拍照也不好看啊。耳朵的皮肤同样会出现光老化，我在本章第 3 节会专门讨论"耳朵防晒"的问题。

第五，我们虽然强调防晒对皮肤的重要性，但也不能忽略日光照射对我们身体健康的重要性。比如说人体所需的维生素 D，除了日常饮食的摄入，最重要的来源就是日光，我们的皮肤在接受阳光中的紫外线，尤其是 UVB 辐射后才能合成。现在的科学研究已经充分证实，维生素 D 缺乏了会造成缺钙，还和很多疾病的发生紧密相关，包括脱发、银屑病等。所以，平时还是要适当晒晒太阳的，建议定期检测一下血液维生素 D 的水平，如果缺乏就及时补充。

防晒很重要，科学防晒更重要。我们虽然要防晒，但也不能过度防晒哦。

防
晒

2.

哪款防晒用品更适合你

怎样选择合适的防晒化妆品，比如防晒霜或防晒乳，是很多女性朋友们比较头疼的问题，特别是选择困难症患者，这道题对他们来说实在是太难了，这一节我们就来彻底解决这个问题。

虽然要解决选择难题，但我也肯定不能直接告诉你这个牌子和那个牌子哪个好用，或者这一款产品和那一款产品哪个防晒效果更好。为什么呢？原因很简单，现在不可能找到一个关于两种同类化妆品之间的大规模的使用比较。但又只有大规模的比较结果，才能真正说明问题。所有网络上的个人声音如"我用了 A 觉得很好，比 B 好"之类，都是没有参考意义的。即使是作为专业的皮肤科医生的我，说这样的话，你们都不要信。客观公正的结论一定要建立在科学的证据上。

那这一节就这么完了？当然不是。我们对防晒化妆品的选择，不是只有品牌的选择，还有关于防晒系数的选择、防晒成分的选择等。学问很大，但只要搞清楚了这些，你就能轻松选到真正适合自己的防晒用品，所以接下来的知识点一定要认真看。

防晒用品的两大指数——SPF 和 PA

关于防晒系数，大家都很熟悉这两个名字——SPF 和 PA。前者主要代表防护 UVB（中波红斑效应紫外线）的能力，后者代表防护 UVA（长波黑斑效应紫外线）的效果。因为长期的 UVB 和 UVA 辐射都会对皮肤造成伤害，所以防晒化妆品都会有这两个防晒系数，系数的大小代表防晒能力的强弱。

SPF（Sun Protection Factor）中文名叫日光防护系数，是评价防晒化妆品防止皮肤被晒红能力的指标。日晒后发红，主要是 UVB 起作用。SPF 的数值从小到大，可以从 SPF10 一直增加到 SPF50 以上。

那么这个 SPF 数值代表什么意思呢？我们以 SPF30 为例，这个"30"代表涂抹了该防晒化妆品以后，照射到皮肤表面的紫外线只有 1/30 能被皮肤吸收。所以，假设一个人没有进行皮肤防护，在中午接受 15 分钟的日光照射后，皮肤会出现淡红斑。那涂抹了 SPF30 的防晒产品，要照射 15×30，也就是 450 分钟皮肤才会发红。不过这个是理想状态，实际生活中，一种 SPF30 的防晒化妆品真的能够保护我们的皮肤 7 个半小时不被晒红吗？这往往是做不到的，因为皮肤出汗等因素会影响防晒化妆品的实际防晒效果。

学会看 SPF 数值后，你有可能会遇到这样的情况：购买的正规进口防晒化妆品最外面的中文包装显示 SPF30+，但是拆开中文包装后的化妆品瓶身是英文的，上面的标识却是 SPF50。什么情况？买到假货了？其实不是的哦，不同国家化妆品法规不同，我国之前规定防晒化妆品的标识最大只能是 SPF30+，就是大于 30 的意思，所以才会有这样的情况出现，因此买到这样的防晒化妆品也不用担心。现在我国的化妆品法规也已经做了一些修改，允许在防晒化妆品的中文包装上出现 SPF50+ 了。

PA（Protection Factor of UVA）中文名是 UVA 防晒系数，是评价防晒化妆品防止皮肤被晒黑能力的指标。皮肤晒黑是个大问题，也是很多人防晒的最直接目标，所以 PA 也很重要，尤其是在紫外线强的日子，必须使用 PA 系数高一些的产品。PA 系数用"+"来体现。"+"越多，说明防晒黑能力越强。PA+，表示使用该防晒化妆品后可以延长皮肤晒黑时间 2~3 倍；PA++，表示延长晒黑时间 4~7 倍；PA+++，表示延长晒黑时间 8~15 倍；当延长晒黑时间 16 倍以上时，就是 PA++++。但同样的，实际使用时的防晒黑效果也是会受各种因素影响而发生变化的。

防晒指数是不是越高越好

看完上面这段介绍，大家肯定在想，以后买防晒化妆品一定要挑 SPF 数值大、PA 系数高的，那么防晒指数是不是越高越好呢？

我们既往大多认为，当 SPF 指数超过 50 以后，皮肤的负担会增加。但这种理论上的"皮肤负担"加重并没有证据支持。而且有很多可靠的科学研究表明，SPF100 比 SPF50 有更多的益处。

因为法律法规的限制，现在很多防晒剂标注防晒指数 SPF50+，超过 50 以上的数字不会再具体标明。SPF100 效果的防晒剂，实际在包装上的标注也是 SPF50+。而标示为 SPF50+ 的防晒剂，实际可能是 SPF60，也可能是 SPF100，差别会非常大。这一点，似乎已经不符合实际生活的需要。所以很多国外及国内的皮肤科教授都建议取消 SPF 指数的限制，这样你才能选购到更高指数的防晒剂。

防晒用品擦多少效果最好

我经常会在门诊被问："我明明用了 SPF50、PA++++ 的防晒，怎么还是被晒伤了（或晒黑了）？"

这个问题真扎心，机智的我会反问："你有没有大夏天在室外两个小时补涂一次防晒，出汗多的时候一个小时补抹一次？"

但我往往会收到很实诚的答案："当然了，强哥你科普了这么多次，我当然很勤快地这么做了。"

我想想，接着问："你的用量够了吗？"

我们现在在专业推荐防晒剂用量是 2 mg/cm², 但这个在现实世界很难操作，虽然我可以买到电子秤，但是我不能精确度量我脸部的实际面积。防晒用品一般是乳液类，不像药膏可以用经典的"指尖单位"来度量，所以一般认为一张大众脸大概用一块钱硬币大小的量：摊开掌心，挤出乳液，乳液在掌心汇聚成一块钱硬币大小就差不多了。

但实际呢？因为各种各样的原因，人们实际生活中的防晒剂用量普遍不足，往往连我们的食药监局进行防晒剂防晒指数 SPF 测试时所使用量的一半都不到！而根据国外研究，如果你使用的防晒剂用量实际只有标准用量的1/2的时候，以SPF50为例，实际的防晒效果大概是50开平方根（约为7）到50的一半（25）之间，换句话说，SPF50 的防晒剂，如果实际用量只有一半的时候，防晒效果介于 SPF7~SPF25 的防晒剂效果之间。

于是乎，在紫外线超强的春末、夏天、大晴天、滑雪场、海边，你虽然使用了 SPF50 的防晒，但很有可能因为实际用量不足而达不到SPF50 的防晒效果。即使你很勤快地补抹了防晒，还是有可能被晒伤或晒黑。

最后还是要提醒，平时防晒做得很棒的朋友，要定期去医院查查血液 25- 羟维生素 D 的水平，维持人体正常维生素 D 水平对健康而言是非常重要的。

选择物理防晒还是化学防晒

什么？防晒化妆品除了要弄懂 SPF 和 PA，还要区分物理防晒和化学防晒？太复杂了吧！

别着急，其实没那么复杂，什么是物理防晒剂，什么又是化学防晒剂？

下面我们就来简单地聊一聊。

物理防晒剂的经典成分是二氧化钛和氧化锌，它涂抹在皮肤上以后，主要通过吸收、反射或散射的方式，阻挡和减少紫外线辐射对皮肤的作用。因为物理防晒剂不需要皮肤吸收就可以起作用，所以防晒剂本身对皮肤的影响非常小，非常适合敏感皮肤、痘痘（痤疮）皮肤和婴幼儿皮肤。

按这种说法的话，其实我们不需要在出门前提前涂好纯物理防晒剂成分的防晒产品，因为它不需要吸收啊。这个想法是对的，但现在市场上一些比较好的纯物理防晒化妆品，除了含有物理防晒剂，还含有一些抗氧化成分。这些抗氧化成分，既不是物理防晒剂，也不是化学防晒剂，它们没有直接地吸收或者反射紫外线的作用，但是加入化妆品后它们可以提高皮肤细胞抗紫外线辐射损伤的能力，可以起到"间接防晒"的作用。所以，如果防晒化妆品含有了抗氧化成分，也需要在出门前 20 分钟提前使用，因为我们的皮肤吸收这些成分需要时间。

化学防晒剂不反射和散射紫外线，主要作用是吸收紫外线，而且需要我们的皮肤提前吸收以后才能起作用，所以必须出门前提前涂抹。化学防晒剂不是营养品，它不像抗氧化成分，皮肤吸收了好处多多。理论上，防晒剂皮肤吸收越少越安全。因为化学防晒剂需要皮肤吸收，所以有一定的致敏可能。敏感皮肤使用化学防晒剂的话，一定要先小面积试用，过 24~48 小时以后看有无局部过敏反应，再确定是否使用。

当然了，对于普通的健康皮肤，无论是物理防晒剂还是化学防晒剂都是可以使用的，目前市场上绝大多数防晒化妆品都是同时含有这两类成分的混合型防晒产品。你可能会问："既然物理防晒剂看上去更好，为什么不都选择纯物理防晒化妆品呢？"是的，的确如此，但是纯物理防晒化妆品价格偏高。另外氧化锌这个物理防晒剂涂起来会发白、不透明，有些使用者会觉得不够美观。当然了，随着工艺的不断进步，纯物理防晒化妆品涂抹起来"泛白"的情况肯定会逐步得到解决的。

看完上面这些内容，你应该知道如何选择防晒化妆品了吧？最后，我还是要提醒大家，**防晒化妆品供大家选择的品牌很多，但是合不合格最重要**。所以大家一定要通过正规渠道购买你想要的化妆品。另外，大家也可以经常关注国家药品监督主管部门不定期发布的化妆品抽检公告，可以多了解一些抽检不合格的化妆品品牌和产品名称。

今天我该用哪款防晒用品

道理讲了很多，最后还是要挑出适合你自己的那款，接下来我们就来聊一聊如何快速选出适合自己的防晒化妆品。

（1）如果在紫外线强的季节，比如春末或夏天的阳光下活动，尤其是上午10点到下午4点在外暴晒，或者是在反射紫外线强的周围环境下，比如海滩、雪山，建议使用 SPF50+ 和 PA++++ 的防晒化妆品。

（2）如果在第一条所述的时间或环境以外的情况下活动，可以适当降低防晒系数，建议使用 SPF25+ 和 PA+++ 的防晒产品。

（3）如果不是大晴天或有云天气，而是阴天或是有遮挡，比如树荫处的室外活动，可以再降低一点防晒系数，选择 SPF15+ 和 PA++。

（4）上面讲的都是室外活动。如果在室内活动，你不用担心电脑屏幕，因为电脑屏幕不发射紫外线，所以你可以不用防晒。但是如果你所在区域靠窗，即使玻璃可以阻隔绝大多数的 UVB，你还是要防晒。你的周围有一些紫外灯光源或者驱蚊灯、荧光灯等的话，也需要适当防晒。我的建议是使用 SPF15 和 PA+ 以内的防晒护肤品。

（5）如果你在室外活动出汗非常多，或者要游泳，那要在暴露部位涂抹防水抗汗型的防晒护肤品。因为我们的皮肤会出汗而影响涂抹的防晒化妆品的效果，所以同样需要每两个小时重新涂抹一次。如果你出汗比较多，或者是在游泳，即使你用了具有抗汗防水效果的防晒产品，我都建议你每一个小时就重新涂抹一次。

防
晒

对了，别忘了，无论是物理防晒剂还是化学防晒剂，我都建议你出门前 20 分钟就涂抹好。

喝"绿茶"可以防晒吗

绿茶里的茶多酚是个宝贝，抗氧化作用很不错！而茶多酚是一个大家族，家族里被研究得最多的是儿茶素。

科学研究表明，外用儿茶素可以保护我们的皮肤对抗紫外线引起的细胞 DNA 损伤，口服儿茶素（小鼠实验）则被证实了有积极的光保护作用。听上去是不是挺让人振奋？于是乎，2018 年有个英国团队兴奋地做起了人体试验。让一群志愿者连续服用绿茶儿茶素 3 个月，每天的摄入量相当于喝 5 杯绿茶。然后进行了一系列实验，来观察口服儿茶素到底有没有光保护作用，也就是防晒作用。

最后，研究发现"每天喝 5 杯绿茶"并没有观察到显著的光保护作用，也就是说，绿茶对紫外线引起的细胞 DNA 损伤并没有保护作用！研究报告是这么解释的："口服绿茶儿茶素，虽然具有抗氧化作用，但是最后儿茶素进入人体后，分布到皮肤的量肯定比不上局部外用儿茶素，所以效果没有外用好。"至于为啥其他学者发现老鼠喝了有用，这个研究的作者的解释是："让老鼠去喝绿茶，是很难精确控制量的。"

总之，这篇文章告诉我们：每天 5 杯绿茶对紫外线辐射皮肤没有直接的保护作用。强哥还要告诉你们，每天往皮肤上抹绿茶水或是用 100 杯绿茶水泡澡也是没有用的，因为你的皮肤没法吸收这些水溶性儿茶素，必须得是脂溶性的才行。

不过，我自己还是会坚持喝茶，我也建议大家喝喝绿茶，茶多酚抗氧化，进入人体后对我们的身体还是有很大益处的。

99% 的人防晒都忽视了这些部位

防晒

有朋友在公众号问我："耳朵也要防晒吗？"这道题让我陷入了深深的思索。我随机问了几位女性朋友，居然真的没有人会把防晒霜搽到耳朵上，平时就只是把面颈部正面区域的防晒工作做到位了。不光是耳朵不搽防晒，颈后部位也不搽，还有小部分人搽防晒用品的时候会避开眼睛周围，给眼霜留位置。

那么问题来了：耳朵也要防晒？

这让我联想到了春季皮肤科门诊就诊率超级高的"神经性皮炎"（就诊率远超其他皮肤病），它的发病率暴增和春季紫外线增强有关，而且好发在面颈部这几个区域：眼睑（尤其是上眼睑）、颈后、耳后和耳前。

发现没有？这些部位跟女性防晒容易忽视的部位基本一致！当然了，神经性皮炎的发生和加重还与"摩擦"这个主要因素有关，比如颈后皮肤容易和衣领摩擦。有的朋友会反问，耳前和耳后的皮肤不容易摩擦到啊。据我观察，耳后出现神经性皮炎的患者没几个戴眼镜的，所以应该跟镜架摩擦或材质过敏关系不大。

另外还有"外耳道湿疹"，常见原因有接触硫酸新霉素、多粘菌素 B、中耳炎、挖耳朵等，人单侧耳朵出现湿疹则跟手机的镍过敏有关。但鉴于紫外线的粗暴和无孔不入，不防晒应该也是导致耳朵湿疹加重的因素。

那么问题来了，人为什么要防晒？女人为什么尤其要防晒？

我想原因应该是一致的，那就是为了防止皮肤过早衰老，想让皮肤变得更白。很多人不觉得凸起在脸两侧的耳朵的外观有多重要，但其实耳朵的皮肤同样会出现光老化。试想一下，如果你的脸是白嫩的，耳朵是暗黄而粗糙的，这样对比起来能好看？此外，**面颈部很多皮肤疾病都发生在人们防晒容易忽视的部位**，这也是我强烈建议大家"武装要到头脑，防晒要到耳朵"的重要原因！

头皮晒伤是什么情况

最近一个朋友碰到件苦恼的事情，她竟然出乎意料地晒伤了！据我了解，她平时防晒做得非常到位，对于晒伤这件事她也是完全摸不着头脑。不过看到她晒伤的表现，我也就完全不意外了：头皮明显发红，疼痛剧烈。原因很简单，她在国外游玩，面部和四肢做了充分的防晒，但是头上没戴帽子，结果头皮被晒伤了。

关于头皮被晒伤的问题，我相信很多人跟我这个朋友一样，从来没有关注过。觉得头上有头发，可以遮挡紫外线，哪里还用再采取防晒措施。但是，实践证明，在紫外线超强的环境中，头皮依然可能被晒伤。

这也给大家提个醒：头发不多，像我这样的，或者头发多，但因为梳发型让部分头皮暴露在外的，长时间在紫外线超强的环境下活动的时候，一定也要注意紫外线防护。不过，往头皮上涂抹防晒霜也不现实，戴个遮阳帽或者撑把遮阳伞，也都是很好的防晒补充措施。

你可能并不知道什么时候应该防晒

室内需要防晒吗

经常有人问我："室内需要防晒吗？"我姑且把"室内"这个概念理解为有房顶或者天花板的空间吧。那紫外线光源在哪里？灯泡？电脑？

灯泡主要分为白炽灯、荧光灯和 LED 灯。

白炽灯泡和家用 LED 灯泡发出的光没有紫外线。

荧光灯泡（管）里面有紫外线，但是通过外面那一层白（荧光粉涂层）玻璃后，到达我们皮肤的紫外线量已经极少极少，除非你每天抱着通了电的荧光灯不撒手。那就可以去看看医生了，我推荐先去脑科看看。

可能又有人要问了，那么电脑屏幕的光有紫外线吗？绝大多数人每天都要面对电脑，不过大家尽管放心，无论是液晶还是带 LED 的屏幕，都没有紫外线。反过来想，如果电脑屏幕每天都 biubiubiu 朝你的脸发射紫外线，那还了得？电脑早就被人类干掉了！

我们不能放弃，我们要继续寻找紫外线光源！

如果白天你的室内办公桌靠着窗户或者落地窗，那就要当心了，因为阳光中的长波紫外线 UVA 还是可以执着地穿透玻璃进来拥抱你。这种情况下，你可以把遮阳帘拉起来，或者脸上搽防晒用品，最好 SPF20（PA++）以上。

还有吗？到了夏天，如果家里有一个紫外线灭蚊灯，而且你可能就

防晒

在它笼罩范围内，虽然灭蚊灯灭不了你，但紫外线辐射的确是有的。怎么办？很简单，请把灭蚊灯装在家里比较隐蔽、你不大容易看到的地方。

好了，在室内要不要防晒，你们应该知道答案了吧？

下雪了，也需要防晒吗

接受了平时也要防晒的观念之后，可能很多人还要提这样一个问题——雪天，也要防晒吗？

绝大多数人觉得下雪天阴沉沉的，紫外线不会太强。这一点是没错，但很多人不知道的是，雪地对紫外线的反射非常强。所以在雪天，即使你撑了伞，仍然会有紫外线从你周围白茫茫大地上的各个角度折射到你的脸上。

我们的眼睛感受周围环境或物体的亮度，其实就是感受反射到眼球的光的强度。一张白色的纸大约反射光量的80%，黑纸只反射光量的3%左右。白皑皑的雪虽然美丽，但反射光线的量可是非常高的，能够达到90%以上！"白得耀眼"也就是这个意思。

白天太阳挂在头顶，谁都知道有紫外线。在坏天气的日子里，我们看不到太阳，但这并不代表紫外线就不存在了。当然，坏天气的紫外线强度肯定是弱于大晴天的。但坏天气里有个意外情况——雪天，因为白雪对光线有极强的反射能力，所以在积雪天气进行户外活动时，你的脸接收到的紫外线的量其实非常可观。

一些滑雪胜地的紫外线更强，因为脚下是雪地，头上是晴天，身在其中就如同置身于一个超强360°无死角晒黑晒伤系统之中。在这种紫外线超级强的环境中，要用防晒霜的话，必须选择 SPF50+、PA+++ 以上的产品。

但是雪天也不要过度紧张到夜晚出门都防晒。月亮自身不发射光线，通过反射太阳光到地球，才形成了我们肉眼所见的"月光"。因为月亮本身对太阳光的吸收率非常高，所以月光强度非常弱，能反射到地球上的光线，包括紫外线都是极其微弱的。所以即使夜晚的雪地很明亮，在外面活动也是不用担心会晒伤晒黑的。

　　雪景虽美，但在雪地活动的时候一定要注意防护，遮住自己的脸颊或使用防晒化妆品。另外，长时间在雪地活动，一定要记得戴防紫外线的太阳镜，以防眼睛暂时性失明，也就是常说的"雪盲症"。

防

晒

防晒没做好，怎么补救

万一防晒没做好，被晒伤或晒黑了，也不要只顾着懊恼，"后悔药"虽然没有，但咱还能"及时止损"啊，赶紧采取措施挽回一下吧。

过度日晒后通常会出现两种后果。一是晒伤了，晒得像煮熟的虾子，暴露部位红彤彤的，怪疼的。二是没晒伤，但晒成黑炭了，回到家连你家的小猫小狗都不认识你了。面对这两种情况，我们该如何处理？

晒伤后急救攻略

晒伤后，第一时间该怎么办？找个能淋浴冲澡的地方，用冷水不间断冲个半小时，给皮肤"降温"。

请问你随身携带炉甘石洗剂了吗？没有？肯定以前没有好好看我在"强哥每日科普"（我的个人公众号）上发布的文章。带了的朋友请在晒伤部位涂抹炉甘石洗剂以改善不适症状，记得用之前摇一摇。脸上可以用冷毛巾、冰毛巾或者冷藏的面膜冷敷。

没有带炉甘石洗剂的朋友，请问你带糖皮质激素药膏了吗？如果带了，请直接拿激素药膏涂抹在晒伤的部位，以减轻皮肤急性晒伤后的炎症反应。症状更严重甚至出现全身不舒服的朋友，请立即就医。

另外，请问你带泼尼松了吗？估计没有！如果有的话，成年人在晒伤症状非常严重的时候，可以一次性口服 6 片救急，以缓解症状。

再提醒很重要的一点，如果你已经晒伤，就不要再继续在外面晒了。

晒黑后续应对方案

晒黑了怎么办？第一原则，不要再被晒了。晒黑后在注意防晒的同时，使用具有直接褪色素作用及抗氧化作用的药物或护肤品，还要加强皮肤保湿。但你必须要知道，最长可能需要 6 周的时间，你的皮肤才会恢复原来的颜色。

皮肤比较白的人容易被紫外线晒伤，但不容易晒黑；皮肤偏黑的人，皮肤容易晒得更黑，但不容易晒伤。这就是皮肤类型的差异。

很多人不能接受皮肤被晒黑，因为不美。其实紫外线使皮肤变黑，是因为紫外线辐射使皮肤里面的黑素细胞应激性地合成了更多的黑色素，并传输到周围的角质形成细胞，目的是对抗紫外线对皮肤的伤害。所以说，皮肤被晒黑的过程，其实是人体皮肤的自我保护机制。

话是这么说，但是没有人领情，因为黑了就是不好看！

晒黑了该怎么办？我有五点建议

（1）不急的话，我们可以耐心等待。因为皮肤的表皮细胞可以自我更替，等上一个月以上的时间，皮肤的颜色可以自然恢复到正常，不用担心一旦晒黑就再也白不回来了。

（2）已经晒黑了，千万不要自暴自弃。要想白回来，必须在接下来的日子里严格防晒，不要再继续接受紫外线的长时间照射。不只是大晴天，阴天同样如此。怎么防晒？我在本章前面几节已经详细说过了，在这里就不再赘述了。

（3）晒黑后可以每天贴敷具有保湿作用的面膜，我建议大家使用医用级别的面膜，非常安全且功效明显，可以褪色素。同时还能搭配具有外用褪色素作用的药物或护肤品，最经典的就是氢醌或熊果苷。

（4）可以每天口服具有抗氧化作用的药物，比如维生素 C 和维生素 E，可以帮助色素沉着消退。

（5）可以去正规医院的皮肤科进行无针水光等治疗，将美白作用的药物有效导入皮肤，加速色沉的消退。

强哥答疑

1. 防晒要怎么做？有哪些方法？

第一，备好防晒护具。

第二，防晒服是很好的选择。

第三，选用适合自己的防晒化妆品。

第四，防晒不要忽视耳朵。

第五，我们虽然强调防晒对皮肤的重要性，但也不能忽略日光照射对我们身体健康的重要性。

2. 防晒包装上写的 SPF 和 PA 都是什么意思？

SPF 中文名叫日光防护系数，主要代表防护 UVB（中波红斑效应紫外线）的能力，是评价防晒化妆品防止皮肤被晒红能力的指标。PA 中文名是 UVA 防晒系数，代表防护 UVA（长波黑斑效应紫外线）的效果，是评价防晒化妆品防止皮肤被晒黑能力的指标。因为长期的 UVB 和 UVA 辐射都会对皮肤造成伤害，所以防晒化妆品都会有这两个防晒系数，系数的大小代表防晒能力的强弱。

3. 防晒主要是针对脸吧？其他身体部位也要防晒吗？

防晒是为了防止皮肤过早衰老，让皮肤变得更白。所以不只是头颈部等正面区域，所有裸露在外的肌肤都应该受到保护。试想一下，如果你的脸是白嫩的，但身体其他部位，包括耳朵却是暗黄而粗糙的，这样对比起来能好看？此外，面颈部很多皮肤疾病都发生在人们防晒容易忽视的部位，所以防晒一定要做到位。

4. 什么时候应该要防晒？不晒太阳的时候可以不防晒吗？

如果白天你的室内办公桌靠着窗户或者落地窗，那么阳光中的长波紫外线 UVA 还是可以执着地穿透玻璃进来拥抱你，你也依然要防晒。此外，家用的紫外线灭蚊灯也需要小心哦。

下雪天，雪地对紫外线的反射非常强，即使你撑了伞，仍然会有紫外线从你周围白茫茫大地上的各个角度折射到你的脸上，所以也要做好防晒工作，遮住自己的脸颊或使用防晒化妆品。

5. 我防晒没做好，还有办法补救吗？

如果是晒伤，第一时间找个能淋浴冲澡的地方，用冷水不间断冲个半小时，给皮肤"降温"。然后在晒伤部位涂抹炉甘石洗剂或糖皮质激素药膏，以减轻皮肤急性晒伤后的炎症反应。症状更严重甚至出现全身不舒服的朋友，请立即就医。

如果是晒黑，皮肤的表皮细胞可以自我更替，等上一个月以上的时间，皮肤的颜色可以自然恢复到正常，在接下来的日子里也要严格防晒。还可以每天贴敷具有保湿作用的面膜，搭配具有外用褪色素作用的药物或护肤品。同时每天口服具有抗氧化作用的药物，比如维生素 C 和维生素 E。如果着急，也可以去正规医院的皮肤科进行无针水光等治疗，将美白作用的药物有效导入皮肤，加速色沉的消退。

Chapter 6

这些成分
真的有那么厉害吗

1.

硅油致癌吗

网上流传着一种说法：不能多用含硅油的洗发水和护发素，会导致脱发！甚至会致癌！吓得各位看官一愣一愣的，纷纷选购所谓"不致癌"的不含硅油洗发水、护发素，某些厂商们笑得嘴都合不拢。原因嘛，你懂的！

说到硅油，就不得不提到"硅油乳膏"这种冬季保湿佳品的安全性问题。每年到秋冬季，气候干燥，温度逐渐降低，皮肤也变得干燥。有些医院有资质，就会生产一些"硅油乳膏"作为皮肤保湿的药膏。由于价廉物美，这些药膏深受广大群众的喜爱。

硅油乳膏涂抹在皮肤上，就像抹了一层透明的保护膜，可以起到很好的封闭作用，显著减少皮肤水分的丢失，从而达到保湿的效果，使用过的患者好评率那是相当高。但现在始终不消退的关于"硅油致癌"的传闻，还是让很多人开始担心硅油乳膏的安全性。

这么说吧，我国药品监督管理部门对药品和化妆品类的管控是非常严格的。你想，如果一种药品或者一种洗护产品有明确的致癌性，你觉得管理部门还会允许这些东西存在吗？早就被退市了。你还真以为，真相只掌握在网络江湖中少数"高人"的手里？

可以这么说，目前没有任何证据表明，含硅油的洗护产品会致癌或者脱发。而硅油乳膏，抹在皮肤表面，就是在皮肤外层装了"防风防水的液态玻璃"。硅油本身，因为分子量大，基本不会被皮肤吸收，不会伤害毛囊，造成脱发；而致不致癌，根本就是不需要讨论的问题。

2.

护肤神器——EGF

为什么我们要说 EGF？因为它实在是太有名了，甚至有"美丽因子"之称。EGF 又叫表皮生长因子、人寡肽 -1，1999 年关于 EGF 的研究成果被世界最具权威性的期刊——美国《科学》（*Science*）杂志评为当年十大科学成就之首。医学上，EGF 用来促进各种皮肤创伤的愈合，效果是得到科学证实的。但是大家关心的 EGF 的美容效果又如何呢？这样吧，我举几个例子来解释一下。

情景一：我们的身体可以自己合成 EGF，大概 30 岁之前皮肤 EGF 的含量很高，皮肤也年轻。这个时候，如果给我们的皮肤额外补充 EGF（当然是人工合成的），需要吗？当然不需要。所以年轻人就别用这玩意儿了，用了也白用。

情景二：30 岁以后，我们的身体合成 EGF 的能力下降，皮肤 EGF 的含量也减少，皮肤也出现老化现象。这个时候如果能给皮肤额外补充 EGF，理论上皮肤又能年轻化，太棒了！但是，问题来了，现在市面上所谓的 EGF（人寡肽 -1）原液，或者含有 EGF 的高级化妆品，涂抹到皮肤上以后，吸收率如何呢？说实话，EGF 是真的很难被吸收。

我在权威数据库 Pubmed 上搜了关于 EGF 和美容相关的科学文献，发现科学家们现在研究的重点，就是想法子促进 EGF 渗透进我们的皮肤，比如利用微针、局部注射，还比如把 EGF 和其他能促进渗透的成分进

成分分析

行融合，形成新的融合蛋白，从而促进皮肤对 EGF 的吸收。

大家看看，就连科学家们都还在绞尽脑汁想着怎么让这个"美丽因子"最大程度被皮肤吸收，从而发挥其让肌肤美丽的功效，所以问题还没有解决哦。

那你可能要问了，那为什么外用 EGF 对皮肤创伤效果这么好？你想啊，皮肤在创伤情况下，还需要担心 EGF 的吸收问题吗？

还有人问，为什么真的有些人反映用了含有 EGF 的高级化妆品，美白嫩肤效果挺明显的？这个也很简单，你以为这样的化妆品只有 EGF 这一种成分吗？你可以好好研究一下，含有 EGF 的各类化妆品，里面是否还有其他能保湿、美白、嫩肤甚至除皱的成分。

至于为什么化妆品在宣传的时候要打着 EGF 的旗号，那当然是因为 EGF 有名啊！但是在 2019 年年初，我国国家药品监督管理局正式发文做出决定，人寡肽 -1（EGF）不得作为化妆品原料使用。

3.

谷胱甘肽真的可以美白吗

很多朋友问我："现在很火的谷胱甘肽，口服可以美白吗？含有谷胱甘肽的美白针，可以美白吗？"

我心中早有答案，但空口无凭可不行。所以，我搜索了国际上的专业医学文献，供大家参考。

首先简单介绍一下谷胱甘肽（GSH）：谷胱甘肽是含巯基、硫醇的三肽抗氧化剂。体外研究支持使用还原型谷胱甘肽可以美白皮肤，因为这些化合物作用显示，它们可以通过抑制酪氨酸酶活性，减少黑色素生成。

关于口服谷胱甘肽，也有研究者在健康的亚洲人群中进行了研究。

泰国的研究

60 位泰国医学生（19~22 岁）参加了实验，实验组 1 口服还原型谷胱甘肽 250 mg，每日 2 次，持续 4 周后，与未口服谷胱甘肽的对照组 2 相比，他们的暴露部位色素沉着显著减少。

60 位泰国女性（20~50 岁）参加了实验，实验组口服还原型谷胱甘肽 250 mg，每日 1 次，持续 12 周，相比对照组，她们的皮肤黑色素指数、晒斑、经表皮水分流失和皱纹显著减少，皮肤弹性增加。

谷胱甘肽的口服给药耐受性良好，最常见的副作用是胃肠道不适（胃肠胀气）、瘙痒、红斑和疲劳。有两例报告中出现了口服谷胱甘肽后氨基转移酶升高，停止给药后恢复正常的情况。

菲律宾的研究

30 位女性（22~42 岁）参加了实验，实验组每日服用 500 mg 还原型谷胱甘肽，持续 8 周后，和对照组相比，暴露和非暴露部位皮肤的黑色素指数较基线显著下降。

静脉注射谷胱甘肽（"美白针"主要成分）是一个备受争议的话题。尽管静脉注射谷胱甘肽可能已经在亚洲被用于皮肤美白，但目前还没有确凿的证据能支持其使用。另外，静脉给药可能涉及引发皮肤、神经系统、肾脏和肝脏等出现问题的不良事件。

总结一下，现有证据表明亚洲人群口服谷胱甘肽具有一定美白作用和不错的安全性，但没有找到口服谷胱甘肽长期疗效的相关文献，并且不推荐静脉注射谷胱甘肽用于皮肤美白。

烟酰胺可以祛痘美白吗

经常有朋友问我有关"烟酰胺"的问题，比如含有烟酰胺的护肤品效果怎么样。我在英国皮肤科学期刊 CED 上面找到了一篇关于烟酰胺的综述——《烟酰胺在皮肤科的应用》（*Use of Nicotinamide in Dermatology*），里面概括得非常全面。关于外用烟酰胺的作用，主要集中介绍了在痘痘（痤疮）和美白上的应用状况。另外还谈到了抗衰老，可以概括为以下几点：

（1）烟酰胺具有抗炎和减少皮脂产生的作用。几项研究报告显示，烟酰胺凝胶在局部应用时的功效，和红霉素（4%）、克林霉素（1%）在减少痤疮和皮脂溢出方面的评分相当。红霉素和克林霉素都是抗生素类，因为耐药性问题，不建议长期外用。而烟酰胺不是抗生素，所以烟酰胺可以长期外用，适用于红色的具有炎症的痘痘。

（2）烟酰胺改善黄褐斑和色素沉着的机理，推测是使黑素细胞和角质形成的细胞内黑素转移减少。

（3）另外一项初步研究发现，每天 2 次局部应用 0.25% 1- 甲基烟酰胺（烟酰胺代谢物）4 周，观察到的 34 名玫瑰痤疮（俗称酒渣鼻）患者中的 26 名病情得到了改善。

（4）在消除衰老特征的方面，有临床研究报告显示，外用烟酰胺改善了衰老的客观指标，其中包括皱纹、斑点和皮肤弹性改善。

综合来看，我觉得有上述皮肤问题的朋友可以试试使用含有烟酰胺的医用级护肤品，作为药物治疗的辅助手段。提醒一点，如果你单独使用这一类护肤品，需要至少使用 4 周后再观察疗效，不能急。

5.

化妆品里的抗衰老"酵母"

很多抗衰老化妆品，包括一些非常有名的高级牌子，主打的功效成分就是来自酵母。很多人会问："不会吧，酵母不是真菌吗？这玩意儿能抗衰老？这都能通过质检？难道不会微生物超标？酵母能在化妆品里面活下来？这生命力有多顽强？会不会对身体有害处？酵母能吃吗？"

的确很多朋友问过我酵母的问题。对于化妆品里添加的具有"抗衰老"作用的酵母，首先我能肯定的一点就是它们不是活的，因为化妆品里面添加活的真菌是不可能的，打着"活酵母"旗号的都是噱头。

但也不会是死的酵母，不然这样的工艺太 low 了，没人愿意把真菌的尸体抹在脸上。所以，应该是所谓"酵母精华"，或者说酵母提取物。

根据目前发表的专业论文资料来看，其实对酵母提取物的研究很早就开始了，而且主要是体外实验。数据显示，有些酵母提取物可以促进真皮成纤维细胞增殖，抑制这些细胞的衰老和凋亡。还有研究显示，某些酵母提取物可以刺激成纤维细胞合成 I 型胶原蛋白。从这些结论看，酵母提取物理论上是有助于抗衰老的，而前提是这些成分外用能有效渗透到皮肤内，尤其是真皮。当然，只要是脂溶性小分子，做到这点应该难度不大。

很多高级化妆品都添加了大同小异的酵母精华，以此来突出其抗衰老效果。要评价外用酵母的效果有多好，说实话，如果有一定规模的使用前后对比观察资料做参考，那自然是最好的。但是，因为普通化妆品不是医用级护肤品，更不是药，所以我们几乎找不到设计合理严谨的有说服力的疗效资料作为参考。

如果你问我："这些含酵母的化妆品是不是真的有效？"我只能回答你："你自己用了才知道。"当然了，这一类的"酵母"抗衰老化妆品，购买使用时尽量选牌子大一点的，总归产品质量和工艺会好一些，价格当然也不菲。大家也可以看到，质量抽查中出问题的主要是一些小牌子和杂牌子化妆品。

成分分析

6.

虾青素到底有什么功效

在一次电视节目中，我被问到一些关于具有强抗氧化（抗衰老）作用的天然成分的问题，这些成分有茶多酚、番茄红素、花青素、原花青素、维生素 C、维生素 E 等，对身体而言当然是益处多多。

自然界已知的最强抗氧化剂是什么？很多朋友可能不知道是"左旋虾青素"。这玩意儿清除自由基的能力，比维生素 C、维生素 E 以及番茄红素，都要高 1 000 倍以上！

说到番茄红素，你知道什么天然食物里面番茄红素最多吗？听起来问这问题简直就是说废话，看名字就知道，当然是番茄咯！

错！是西瓜！同样质量的西瓜果肉，番茄红素含量高于番茄。那怎么不叫西瓜红素？唉，怪只怪第一个在番茄里面提炼出"抗氧化成分"的人，取名字有点儿急吼吼。

那么，虾青素这么牛掰，又是在什么虾里面含量最高呢？

是夏天南京人最爱的小龙虾，还是波士顿龙虾、澳洲龙虾？还是基围虾、对虾、罗氏虾、河虾、斑节虾、黑虎虾、青岛大虾、虾爬子……

你猜对了吗？哈哈，应该很容易猜到的。

虾青素不在河虾里，也不在夏日爆款小龙虾里，更不在基围虾、罗氏虾、皮皮虾、小波龙、大澳龙的肉肉里面。这个成分居然是从一种不能吃的天然材料里面提取的，阅读仔细的读者肯定知道那就是第二章提到过的"雨生红球藻"。

这玩意儿不是虾，也不能直接拿来吃。不知道是谁取了"虾青素"这个名，这起名字方法真是太随便了。

不过我查了一下资料才发现，原来虾青素最早被发现于虾蟹等贝壳类生物、三文鱼和火烈鸟的羽毛中，只是这些生物体内的虾青素含量极低。

我也是服了，居然会想到拿火烈鸟的羽毛来检测虾青素。我猜，可能是因为火烈鸟平时以小虾、蛤蜊、昆虫、藻类等为食吧。

不过真是对不住各位吃货们了，这个神奇的雨生红球藻不能直接当菜吃。但是，天然左旋虾青素的强大已经得到了科学界的认可。而对于皮肤色素沉着，那些具有抗氧化作用的外用成分都是具有一定治疗作用的，这些成分包括左旋维生素C、维生素E，自然也包括外用左旋虾青素。当然，是不是含左旋虾青素的护肤品一定抗氧化最强？这个不好说，因为不同产品之间并没有做过比较。

外用虾青素目前主要被开发运用于护肤品，市场上产品众多，鱼龙混杂。我只提醒大家两点，一是要购买从雨生红球藻中直接提取的左旋虾青素，二是不要购买杂牌和小牌子的。

成分分析

补充透明质酸和胶原蛋白的"上中下"策

透明质酸和胶原蛋白，这两大"宝贝"太有名了！透明质酸又叫玻尿酸，是皮肤真皮里面最重要的天然保湿因子，吸湿性超强，可以让皮肤水水润润。而真皮里面满满的胶原蛋白，则能够让人的皮肤雪白粉嫩、与众不同。

随着年龄的增长，皮肤会逐渐衰老，这是自然规律。在老化的过程中，真皮里的透明质酸以及胶原蛋白的含量也会逐渐减少。如果我们要想延缓皮肤衰老，从理论上讲，通过补充真皮里的透明质酸和胶原蛋白，应该会起到积极的效果。那补充这两者的具体策略有哪些呢？

上策：自己的，永远是最好的！可以用各种科学的医美技术手段，促进我们的皮肤自己合成更多的透明质酸和胶原蛋白，主要是通过一些药物手段或者是激光、强脉冲光、射频等光电治疗方法。另外，还可以减少两者的损耗，比如保护两者的"母亲"——皮肤里的成纤维细胞。所以，防紫外线，也就是防晒非常非常重要！

中策：局部注射透明质酸或胶原蛋白。对自己的面部皮肤哪儿不满意，或者是想精益求精，可以进行局部注射，疗效起码可以维持半年以上。但要注意两点，第一是一定要选择正规、质量好的产品，尽量减少皮肤对异种蛋白的排异反应；第二是一定要到正规医院找正规医生进行注射，医生的注射水平非常重要，这不仅关乎疗效，还出于注射安全性的考虑。

下策：外用透明质酸和胶原蛋白。因为受分子量，也就是个头大小的限制，所以外用这两种宝贝，真正能通过表皮吸收进入真皮的，真的比较少。极少数品牌的小分子或微分子透明质酸，因为工艺的先进，可以达到真皮吸收的效果。但是市场上良莠不齐，很多品牌都声称自己的外用透明质酸很好，可是真正能证明自己的产品可以被真皮吸收的，估计没几个。

那外用的大分子透明质酸或胶原蛋白，还有什么用呢？外用大分子透明质酸或胶原蛋白，虽然不能渗透表皮到达真皮，但可以黏附在皮肤表面，起到很好的封闭性保湿作用，就是说通过封闭皮肤表面，减少皮肤水分的丢失，还可以隔绝外界不利因素对皮肤的刺激和影响，很多保湿润肤剂都是类似的作用机理。

下下策：口服透明质酸或胶原蛋白。这一类保健品（目前主要是口服胶原蛋白）的效果，受到很多人的质疑，主要问题是吸收问题，其次是吸收后皮肤再分布问题。也就是说，这些所谓"有效成分"能否在经过消化道的消化后，顺利被肠道吸收，再顺利进入血液循环，最后顺利地到达人体的最大器官"皮肤"的真皮，起到你预期的"补充真皮胶原蛋白或透明质酸"的目的？我个人观点，这些保健品的疗效被夸大了，所以只能作为下下策。

成分分析

水果敷脸有奇效？别傻了

如果送你一根黄瓜，你会如何利用它实现美容的目的？

如果再给你一些橙子、番茄、猕猴桃、香蕉、草莓，你又会怎么做？

如果是我，我准备通通吃掉！黄瓜拍碎加调料凉拌，橙子、番茄、猕猴桃这些统统一起放破壁机打成细腻的匀浆喝掉。当然了，番茄还可以单独拿出来炒鸡蛋，现在番茄有了，还差俩鸡蛋。

风靡多年的"水果敷脸法"，真能美肤？

很多爱美的朋友会把这些蔬菜水果切成薄片，然后每天敷脸。据他们说，这样可以美白肌肤，因为这些都是纯天然的食材，富含各种营养成分，可以直接被皮肤利用。

事实是怎么样呢？强哥做一个非常简单的实验给你看。

一张书桌，上面有一滴水。书桌表面有一层油面（木蜡油），使得桌面看上去光亮，而且耐磨。水滴上去以后，还是一滴水的外形，没有被桌子的木料吸收。以按摩的方式在桌面上处理这颗水滴，水滴外形发生了变化，但还是没有被木料吸收多少。

原因很简单，桌子的表面是油性的，所以水很难渗进去。我们的皮肤当然不可能像涂了木蜡油的书桌，但是我们的皮肤屏障也是油性的，由很多脂质构成。因为是油性的，所以只有极少量的水能被吸收。如果我们的皮肤能轻易地吸收外界的水分，那会发生很多夸张的事情。

比如，你去温泉泡个澡，本来你是 120 斤的瘦子，泡完澡你变成了 200 斤的胖子，因为皮肤在不断地吸收水分。你回到家，你妈可能就不认识你了。如果你没有泡澡，你就是每天在家洗澡，那我保守估计，你每天的体重会增加 10 斤，那一个月以后……

进化使得我们的身体不断适应变化的环境，而我们身体最外层的皮肤屏障非常关键，皮肤屏障的"油"性本质是必然，它使得我们的皮肤具有一定的防水以及抵御其他外界不利因素的能力，同时还保留了一定的渗透能力。

所以，如果想让皮肤顺利地吸收那些对皮肤有利的营养成分，那这些营养成分必须包裹在"油脂"的外衣下，才有可能被"油"性皮肤屏障吸收。如果这些营养成分是和水混在一起，然后被涂抹或敷在皮肤外层，那只有极少量能被皮肤吸收。

现在，你认为上面这些水果蔬菜切成薄片敷在脸上会有用吗？很抱歉，没啥用。大家可以看一下自己的护肤品，各种霜、乳肯定都是油性的，即使是爽肤水和保湿精华，大家看一下具体成分就会发现，它们都是有油性成分的，就是为了促进这些护肤品里的有效成分能被皮肤吸收。这也是我们皮肤科医生从来不推荐直接拿单纯的保湿喷雾来护肤的原因。比如矿泉水喷雾（只有矿泉水，没有其他成分），看上去成分简单很安全，但是保湿效果短暂甚至可以说没有，只有暂时的补水效果。注意，是很短暂的补水效果，因为这些矿泉水很快就会在皮肤表面挥发掉。

上面我们从皮肤吸收的角度来谈水果敷脸的意义有多大。接下来，强哥再谈一下"果酸"的问题。果酸是好东西，合理的配方和浓度，使得外用果酸在美肤方面发挥了巨大的作用。很多水果里面都有果酸，那直接敷脸可以发挥果酸的积极作用吗？我很认真地告诉你，同样的水果，不同的成熟度，不同的品种，果酸含量都会有不同，很多时候所含果酸浓度是不适合正常皮肤的，很容易刺激皮肤甚至引起过敏。除了果酸，很多水果蔬菜里面含有光敏性物质，直接敷脸再接触阳光，会出现光过敏。

所以，强哥不建议大家用水果蔬菜直接敷脸，真的，意义不大。新鲜水果蔬菜当然统统吃掉才是王道！

口服的皮肤化妆品——蓝莓

既然说到吃水果，就必须提到一位水果界的护肤之星。

经常去水果店的朋友能看到有这么一种水果，个头小小的，装在一个个透明的塑料小盒中，价格不菲，便宜的十几块一小盒，贵的大几十块一盒。我很喜欢吃，吃起来跟吃油炸花生米似的，不用吐皮也不用吐核，方便！说到这里，你应该已经猜到是哪种水果了吧？那就是蓝莓！

蓝莓很蓝，为什么这么蓝？因为蓝莓含有海量的"花青素"！一些天然的抗氧化物质可以清除体内的有害自由基，对我们的身体尤其皮肤的健康非常有利。而花青素，是目前已知的抗氧化能力最强的天然生物活性剂之一，可以阻挡紫外线对皮肤的伤害，延缓皮肤的衰老，被称为"口服的皮肤化妆品"。

除了蓝莓，还有一种水果也富含花青素，就是葡萄，但是主要是在葡萄皮里面。有句绕口令叫"吃葡萄不吐葡萄皮"，你以为是说着玩儿玩儿的吗？告诉你，这句话绝对是养生金句啊！但问题来了，你喜欢吃葡萄皮吗？

蓝莓除了含花青素，还含有其他多种抗氧化物质和营养物质，在我看来，这种水果是完美的，除了一大缺点"贵"。好的东西的确贵一些，这个道理似乎很有道理啊！

强哥答疑

给成分党的速读小贴士

硅油——不致癌也不引起脱发，这个不需要讨论。

EGF——是安全的，也确实具有促进皮肤创伤愈合的效用，但吸收是个大问题。目前，我国禁止将其作为化妆品原料使用。

口服谷胱甘肽——具有一定美白作用和不错的安全性，但没有找到口服谷胱甘肽长期疗效的相关文献，并且不推荐静脉注射谷胱甘肽以用于皮肤美白。

烟酰胺——具有抗炎和减少皮脂产生的作用且不是抗生素，可长期外用，适用于红色的具有炎症的痘痘。具有改善黄褐斑和色素沉着的功效，对玫瑰痤疮的改善有帮助，在除皱、祛斑和皮肤弹性改善方面也有一定的效果。

酵母提取物——理论上是有助于抗衰老的，但目前还没有严谨有说服力的资料作为参考。

虾青素——自然界已知的最强抗氧化剂，购买一定要选择从雨生红球藻中直接提取的左旋虾青素，不要买杂牌和小牌子。

透明质酸和胶原蛋白——应该可以对皮肤起到积极的效果，但是补充的方法一定要选对了。

水果护肤——敷脸作用不大，还不如吃掉。

成分分析

Chapter 7

常见的
慢性皮肤问题

1.

黑眼圈，我可以不和你做朋友吗

"黑眼圈"是指眼睛下方的环形区域皮肤颜色发暗。它对美丽的杀伤力可不小，在顶着一对黑眼圈的情况下，你很容易被别人关心是不是昨晚没睡好？怎么看起来没精神？所以黑眼圈无疑是活力四射好青年的大敌。

要摆脱黑眼圈，我们还是得先知道它是怎么来的。造成黑眼圈的原因有很多，根据常见的成因，我们通常把黑眼圈分成以下三种：

第一种是皮肤血管因素引起的黑眼圈，表现为眼圈淤血。睡眠不好、眼睑长期处于收缩状态得不到放松，会使得眼圈的血液淤滞、血氧含量减少，最终结果就是眼睛下方看起来有青黑色的阴影。这种情况在年轻人当中比较常见。

第二种是色素沉着引起的黑眼圈，表现为眼圈黑色素沉积，这种情况多见于中老年人群。造成色素沉着的原因有很多种，有些是因为长期遭到日光紫外线辐射，眼周皮肤没有得到日常护理，引起的色素沉着；有些是眼睑经常出现的皮炎，比如神经性皮炎、特应性皮炎，反复发作，造成局部出现炎症后色素沉着；还有些是眼圈老是淤血，时间长了也容易引发皮肤的色素沉着等。

第三种是结构性因素引起的黑眼圈，比如眼周水肿或者眼袋，可以导致其下方出现阴影，造成一种"黑眼圈"的外观。

如果有了黑眼圈，怎么治疗？

如果是血管因素引起的，可以通过改善局部血液循环来改善症状。每天按摩眼部来促进血液循环即可，如果不知道怎么按摩，可以重新把小时候的眼保健操练起来，也可以尝试使用一些药妆类的功效性眼霜。

如果是局部黑色素异常沉积引起的，可以外用具有褪色素作用的药物，比如氢醌和熊果苷。也可以到正规医院皮肤科进行光电治疗，采用强脉冲光、Nd-YAG 激光或点阵激光等方法。

如果是眼袋引起的黑色阴影，可以考虑进行外科手术来治疗眼袋。

眼周皮肤的日常护理非常重要，同样需要做好保湿和防晒。另外，要保证有规律的生活、充足的睡眠和均衡的营养。拒绝烟酒也是很有必要的，吸烟、喝酒都可能引起或加重黑眼圈的症状。

慢性问题

2.

棘手的炎症后色素沉着

我曾因为脸上的"老年斑"，去做过皮秒激光。

不怕大家笑话，作为一个中年油腻男子，我深知各种护肤的诀窍，但落到自己头上却是能偷懒就偷懒。比如防晒这件要紧事，我除了偶尔去纬度很低的国家旅行，因紫外线太强会搽防晒霜，平时都没有好好做过防晒工作。所以虽然我年龄不算很老，但是脸上已经有"老年斑"了。

再说到我曾经做过的皮秒激光，因为做完皮秒激光后我防晒没做好，也可能是因为做的激光的剂量设置高了一些，所以虽然皮秒做后的一周，脸像刚剥壳的鸡蛋那样嫩白，但是再过了一个星期，激光治疗的局部就开始出现色素沉着了。

光电治疗后常见的并发症就是炎症后色素沉着（下面简称"色沉"），本来进行光电治疗是为了消除各种色斑，但这么一来原来的斑虽然淡了，色沉却出来了，看上去倒比原来还明显（虽然早晚会消退），这也太令人火大了吧。

炎症后色沉其实在临床上非常多见，更容易出现在肤色偏黑的朋友身上。最常见的情况是皮炎、湿疹消退后发生的色沉（概率较高），这是疾病本身的特点，但是患者往往会怪罪到外用糖皮质激素上。这里我要替外用激素叫个屈，它们心里也很苦涩吧。另一种情况是皮肤外伤愈合后的色素沉着，外伤愈合时可能瘢痕不明显，但容易出现黑印子，这个也是炎症后色沉。还有晒太阳时间长了，或者晒伤皮肤恢复后，也容易出现色沉。总之，造成色沉的原因太多了。

其实对于我而言，脸上出现色沉并不会让我担心和紧张，首先我自己是皮肤科医生，知道色沉总有自行消退的一天；其次我是男人，对"面子"上的事总归看得要轻一些。但为什么今天我要说"棘手的炎症后色素沉着"？因为对 99% 的女性朋友们来说，脸上出现黑色的色沉，那可是堪比天崩地裂的大事情，扎心得很，甚至会让人感到痛苦、焦虑和绝望。痛苦是因为影响美观，焦虑是因为不知道色沉什么时候会消退，绝望则是因为误以为色沉会永远存在。一旦出现色沉，女性朋友们的共同心愿就是一觉醒来就能消退！最迟第三天消！

为什么炎症后色沉"棘手"

因为虽然炎症后色沉早晚会消退，但是这个"早"不是以"天"计，而是按"月"计。我不着急，所以我不觉得时间久。但是很在意色沉的人就会觉得等待的时间太漫长。而我们临床上经常被用来治疗各种"斑"的美容手段比如强脉冲光、激光等，本身治疗后就有留色沉的风险。而且这些手段对炎症后色沉本身的治疗效果就不是很确切，所以对于那些皮肤有炎症后色沉很长时间甚至数年不消退的，且用了其他方法都没有效果的朋友，这些方法可以尝试一下，其他人就建议不要考虑了。

为什么要对光电治疗治疗炎症后色沉这么谨慎呢

因为上述方法治疗的结局有三种：部分人改善了，部分人没有变化，部分人反而加重了！所以虽然网络上很多文章说某某激光治疗炎症后色沉效果是不错的，但是这些文章对你们隐瞒了治疗的另外两种不好的可能。如果你要选择激光或强脉冲光治疗色沉，一定要对上述三种结局都做好心理准备，觉得能接受这些可能再做治疗。知情和同意，非常重要，不然容易产生误解和矛盾。

大多数炎症后色沉在出现后的数周至半年就会逐渐消退。所以，如果炎症后色沉没有出现在暴露部位，也不影响夏天穿漂亮裙子或泳衣，我觉得你可以不管它，让"时间"这个神奇的良药来慢慢解决这个麻烦。再退一步想想，是不是觉得世上好多事情的道理都一样？

如果你急，不能等，那么我推荐你先试一些用了以后不会加重问题的治疗方法。可以使用一些外用褪色素药物，比如我讲过很多次的氢醌和熊果苷，外用具有抗氧化功效的左旋维生素 C 对色沉也有积极的治疗作用。但记住，这些药也不是神药，不是说用了色沉立刻就消了，只是它们可以缩短色沉消退的时间。这些药物肯定有淡斑作用，而且没有什么副作用，除了妊娠、哺乳和备孕期间的女性，其他人大可放心使用。当然也要记住：每天擦药，持之以恒，方能见成效！另外，口服抗氧化的维生素 C 和维生素 E 对消除色沉也很有帮助，但也需要长时间使用。

"毛孔插秧星人"急需救援

毛孔粗大，是很多朋友都存在的且非常在意的问题。在意的原因很简单，又是因为影响了"颜值"。在我的门诊也经常有患者问，该怎么做才能解决毛孔粗大？

在回答上面这个问题之前，我们要先搞明白，什么是毛孔？我们看到的毛孔，其实就是"毛囊皮脂腺"的开口。毛囊皮脂腺是我们皮肤里面的正常结构，是"两居室"里的两个房间，共用一个门厅，皮脂腺里的皮脂要经过毛囊皮脂腺"导管"（厅），最后从"毛孔"（门）排出来。

年轻人毛孔变粗大有三个可能成因

第一，皮脂分泌过旺，排出的管道相对狭窄，来不及从门里面排出去而堵在"门厅"，继而把门厅给撑大了；第二，长了痘痘后，老是忍不住用手去挤，挤啊挤的，就把"门"给挤宽大了；第三，可能跟用一些厚重的化妆品有关，化妆品把毛孔给堵塞了，皮脂就被堵在里面，然后又将"门厅"撑大了。

对进入中年以后的朋友而言，皮肤随着年龄的增长会出现老化现象，逐渐失去弹性，"毛囊皮脂腺导管"周围的组织支撑就会逐渐减弱，使得整个"门厅"也逐渐变得宽大，所以看上去毛孔也会变得粗大。

另外，平时护肤不当，经常使用油腻厚重的护肤品或经常使用粉底，造成化妆品残留堵塞毛孔，也是可能性较大的诱因。还有就是不规律、不健康的生活习惯，比如酗酒、吸烟、熬夜等，都是不利因素。

上面就是最常见的一些导致毛孔粗大的原因。

我们该怎么办

很简单，针对病因进行治疗就行了。比如：

（1）如果门厅堵了，那就想法使"门厅"变得通畅，对暂无生育需求的男女，使用"维 A 酸类药物"是最合适的，可以长期外用异维 A 酸、阿达帕林、维 A 酸等，坚持至少 2 个月以上，可以有效改善毛孔粗大的情况。

（2）有痘不要去挤，尽量使用轻薄、不厚重的化妆品。

（3）步入中年以后的朋友，要多呵护自己的肌肤，做好保湿、防晒、抗氧化工作。皮肤滋润有弹性了，毛孔周围就会有较强的支撑，毛孔粗大的情况就可以得到改善。

（4）光电治疗可以改善毛孔粗大。治疗手段有射频、剥脱或非剥脱点阵激光、强脉冲光、水光注射、果酸换肤等，多次治疗、多个疗程，均可以改善毛孔粗大的情况。

至于有些朋友期望将毛孔粗大彻底消除，这个就有点儿不现实了，毕竟，毛孔也是我们皮肤的正常生理结构啊。

"鸡皮肤"和"红脸膛"

好多朋友发现自己的两个胳膊甚至大腿外侧有很多粗糙的小疙瘩（丘疹），就像鸡皮肤一样，不大好看。其实"鸡皮肤"又叫毛周角化病，这个病非常常见，女生往往会比较在意这点，所以会来皮肤科看病，男生则大多都不当回事儿。

这种病是一种遗传性皮肤疾病，常见于上臂、大腿外侧还有臀部，看起来是很多小米粒大小的坚硬丘疹，摸上去有粗糙感，一般无症状。

那么这个病要怎么治？首先你得问一下自己的内心，想不想治？因为这个病虽然可以改善，但需要非常长时间的用药。所以如果自己都无所谓，又没耐性搽药，那就随它去吧，中年以后会自行改善的。如果很介意"鸡皮肤"，那就注意以下四点：

（1）不要抠，抠是抠不干净的，而且容易造成继发感染和色素沉着。

（2）洗澡水不要太烫，洗完澡之后给患处多抹些润肤露。

（3）主要的治疗药物包括维A酸乳膏、水杨酸软膏或高浓度尿素软膏，另外外用果酸效果也很好。

（4）症状严重或者有迫切治疗需求的朋友，可以口服维生素A或维A酸类药物，但必须严格在医生指导下使用。

经常跟毛周角化病伴发的还有一种皮肤疾病，就是我接下来要介绍的"红脸膛"了。

有些人害羞的时候，脸会红，还是很可爱的。另外有些朋友就比较烦恼了，因为他们无论害不害羞，脸都是红的，尤其是耳朵前面那一片皮肤。这种"红脸膛"，就是"面颈毛囊红斑黑变病"，表现为面颊两侧的皮肤看上去有点红黑色，摸上去有粗糙感，不光滑。

这个病具体有三种皮损表现，根据具体的皮损表现也可以采用不同的方法来进行治疗。

第一是毛囊性小丘疹，通过长期涂抹维 A 酸类药物或者外用果酸可以改善，也可以用超脉冲 CO_2 点阵激光等治疗。

第二是红斑，其实是毛细血管扩张，所以用专门针对血管的染料脉冲激光、双波长激光或者强脉冲光来治疗。

第三是褐色的色素沉着，可以用专门针对黑色素的激光治疗，以及外用一些褪色素药物，比如氢醌、熊果苷。

无论是"鸡皮肤"还是"红脸膛"，想要治好都不会是一蹴而就的，而是要分几步走，急不来的。

强哥答疑

1. 长了黑眼圈，咋办？

要分情况处理。如果是血管因素引起的，每天按摩眼部来促进血液循环即可；如果是局部黑色素异常沉积引起的，可以外用具有褪色素作用的药物，也可以到正规医院皮肤科进行光电治疗；如果是眼袋引起的黑色阴影，可以考虑进行外科手术来治疗眼袋。

2. 该怎么做才能解决毛孔粗大问题？

（1）使用"维A酸类药物"，坚持至少2个月以上，可以有效改善毛孔粗大的情况。

（2）有痘不要去挤，尽量使用轻薄、不厚重的化妆品。

（3）步入中年以后的朋友，要多呵护自己的肌肤，做好保湿、防晒、抗氧化工作。

（4）通过光电治疗来改善。

3. 色素沉着是永久性的吗？会不会好不了了？

大多数炎症后色沉在出现后的数周至半年就会逐渐消退。如果着急的话，可以使用一些外用褪色素药物。但记住，这些药也不是神药，不是说用了色沉立刻就消了，只是它们可以缩短色沉消退的时间。

Chapter 8

击败月球脸，
拥有干净肌肤

痘痘，你为什么老是缠着我

什么是痘痘

痘痘，专业名称叫"痤疮"，俗称青春痘。主要是青少年常得这个病，青春期好发，多数人随年龄增长会逐渐缓解。但其实小至婴幼儿，大至成人（三四十岁甚至五十岁）都可能生这个病。主要发生在面部，其次在胸背部，小部分人在臀部，还有人专门发生在后颈部及枕部（这个叫反向痤疮）。

痘痘有哪些表现呢

表现很多，黑色的小点叫黑头粉刺，白色的小点叫白头粉刺，有的还表现为米粒大小的红色丘疹，有时表面有小脓头，严重的会出现硬疙瘩或是稍有弹性的囊肿等。表现不同，治疗亦不同。

有人喜欢问强哥为什么额头有，下巴没有？或者为什么左边脸上重，右边很轻？有没有什么说法？

强哥一般这么回答："目前还没有特殊的说法，但每个人的痘痘表现和分布部位本来就可以不同，另外也没有长得绝对对称的痘痘。"

为什么会得痘痘呢

主要和体内雄激素（男女都有雄激素，就像男女都有乳腺，但男同胞乳腺不发达）、一种叫痤疮丙酸杆菌的细菌感染、毛囊皮脂腺导管角化继而堵塞、继发炎症反应等有关。随着研究的深入，相关因素也发现得越多。

有人会问："为什么我得，别人不得？"我会回答："人跟人是不同的，或者说人和人的基因是不同的，自然有人可以得这种病，别人可以不得。"随着医学研究的深入，成千上万的痤疮患者汇集在一起，抽血检测基因，发现痤疮也有易感基因。简单说，有这些易感基因的人容易得痘痘。

其实几乎所有的病都和人的遗传背景有关，理论上这些证据在对很多得同一种疾病的患者进行基因检测后都可以获得。再换个简单的说法，在人出生的那一刻，你的基因在理论上已经决定了，你以后不会得什么病，可能会得什么病，以及极少数情况下肯定会得什么病。

有痘痘，要不要做检查

脸上有痘痘需不需要查内分泌？这个问题强哥已经被问了无数遍。我们都知道痘痘跟内分泌肯定是有关系的，尤其是青春期的男女，体内性激素分泌明显增加，男女都有的雄激素刺激皮脂腺分泌的皮脂增多。这个是痤疮最主要的病因之一，故而痘痘的发病率在青春期也最高。

有些朋友会去查性激素，男性随便什么时候查都可以，而女性一般在月经期开始的第 3 天检查。然后拿了报告单，跑来问医生："医生，我的报告单结果都是好的，为什么我还长痘痘啊？"

这个问题问得好极了！其实强哥平时不怎么让患者查性激素，除非一些特殊情况。为什么不查？因为大部分痘痘患者的性激素水平其实都是正常的。不是说性激素尤其是雄激素水平正常，你就不应该长痘痘。也不是说雄激素水平正常，长痘痘的原因就跟雄激素无关。是不是有点儿绕？

再举个例子，对于雄激素性脱发的患者，我个人也不大让他们查雄激素。因为大部分雄激素性脱发患者的雄激素水平是正常的。无论雄激素水平高，还是正常，治疗方案是没有什么差别的。痘痘也是如此，痘痘治疗方案的制定，主要根据临床表现，而不是根据你的性激素检测报告。

上面说到一些特殊情况，强哥会建议患者做一些检查，比如：

（1）女性有严重痤疮，汗毛比较重，月经少或不规律，我会建议患者查性激素和做卵巢 B 超，排查多囊卵巢。

（2）怀疑性早熟的儿童，查性激素或直接建议对方到内分泌科就诊。

（3）有一些综合征会有面部痤疮的表现，当然同时有其他一些特征性表现，我会建议做一些特殊检查。

总之，绝大多数痘痘患者是不需要做什么检查的，该怎么治就怎么治，不要想太多。

青春痘其实并不青春

经常有患者朋友在门诊问我："医生，我都过三十了，为什么脸上还长痘？"

每次听到这个问题的时候，我都老脸一红。强哥我都四十了，脸上还不照样时不时冒一两个痘？

很多朋友认为"青春痘"（痤疮）就是年轻人得的病，其实不然，即使是婴幼儿也会有痤疮，像我这样的中年人也可以长痘。就像我们说"老年斑"，并不是只有老年人身上才会出现，中年人甚至青年人也会有。再比如"胎记"，胎记有很多种，并不都是一出生就有的，有些出生后过几个月才出现。

如果 30 岁脸上有痘，通常有两种不同的情况，一种是从十几岁一直长到 30 岁，还有一种是 30 岁之前脸上很干净，30 岁以后却出现痘痘了。

为什么长痘痘？主要原因是体内雄激素的作用使皮脂分泌增加，另外皮脂排出经过的毛囊皮脂腺导管角化异常，使皮脂排出不顺畅，痤疮丙酸杆菌趁机大量增殖，继发了一系列复杂的炎症反应。以上就是经典的"痤疮发病机制"，也是大多数青年人长出"青春痘"的主要原因。

与"青春痘"相对应的还有个名词叫"成人痤疮"。我们把成人 25 岁以后出现的痘痘，叫作成人痤疮。成人痤疮的原因跟经典的痘痘成因

痘痘防治

是有所不同的，现在认为和精神压力、化妆品、饮食或药物有关。我有时会建议成人痤疮患者查一下性激素水平，但往往没有发现明显的指标异常。

25 岁是什么年龄？25 岁应该是绝大多数人踏上工作岗位的年龄。

初入职场，各种竞争，角色发生转换，压力会比较大；而且收入不会很高，会有一定经济压力，因此痘痘直冒的人不少。

而女性朋友，因为工作需要每天化妆的不在少数，不像上大学时绝大多数女生都是素面朝天。化妆品使用不当也会诱发痘痘，所以建议化淡妆，避免使用比较油腻厚重的化妆品。

工作后吃喝应酬变多，不像在学校清汤寡水，特别是那些容易引起血糖升高的食物和痤疮的发生大大相关。

药物又是另外一个因素，比如糖皮质激素、抗结核药、抗癫痫药、卤素化合物等，都会诱发痘痘。在寻找成人痤疮病因的时候，要注意药物因素。

3.

你脸上的痘痘，真的是痘痘吗

经常遇到跑门诊来看病的朋友们，一开口就是："强哥，我脸上长痘痘了！"

其实在他开口前，我已经习惯性地用眼睛扫视了他的脸，什么情况我心下了然。

虽然我是一个内向的走路时都低头看地上有没有坑的男子，但上班时可就不一样了，脸皮再薄也要盯着人看。皮肤科医生的眼睛都是雪亮的，虽然我不戴眼镜，视力也才 1.0，但我自认为我的观察还是清晰和仔细的。所以，进门坐下的那一刻，患者脸上什么情况我已经一目了然了。虽然，也有很多人不一定是来看脸的。

我发现，这么多来看"痘痘"的人，他们以为的"痘痘"（痤疮），不一定是"痘痘"。是不是听上去又有点儿绕？我的意思是，很多你们认为是"痘痘"的面部小疙瘩，并不是"痘痘"。

痘痘（痤疮）有很多种表现，大多数都是高出皮肤表面的丘疹，但是脸上过敏，可能是红斑，也可能是丘疹。有时就是长个毛囊炎，也可能被误以为是痘痘。而像玫瑰痤疮（老话叫酒渣鼻），有些看上去真像痘痘，但真的不是痘痘啊！

这样的情况还有很多，经常被患者误以为是痘痘，谁叫痘痘知名度这么高呢！但的确，有时看上去真的挺像的。

搞错诊断的结果是什么呢？很多人会在没有就诊咨询医生的情况下就自行去药店买非处方药或者祛痘类护肤品自己在家用，没有效果不说，还很容易加重病情。其实皮肤病真的挺复杂，现有的各种常见、少见、罕见和每年新报告的皮肤病，有3 000种左右，说实话我没有具体数过，但实在太多了。长在脸面上的各种皮肤问题没有上百种，大几十种肯定是有的，但普通大众的确对这些知之甚少。正因为不了解看似简单其实复杂的皮肤问题，所以在进行治疗的时候一定要慎之又慎。

看病，还得上医院。上网自己查资料自己诊断，或者让家人、朋友、同事、邻居给你诊断，或者到药房让药师诊断，都是容易出问题的。记住，你以为的痘痘，其实很多时候真的不是痘痘。

痘痘肌都是"外油内干"吗

过去听到痘痘皮肤是"外油内干"这种奇葩说法，我是懒得评论的。不过，当我在门诊听到"外油内干"这个说法超过 10 次的时候，我有点儿按捺不住了。我问患者："是谁跟你们说的？"回答五花八门，有某某美容院的小姐姐，有某商场某化妆品柜台的小姐姐，还有网上的某些美妆达人小姐姐。

世上本没有路，走的人多了就有了路。其实皮肤科学界从来都没有"外油内干"这个概念，说的人多了，居然变成"常识"了。

总觉得脸上很油的痘痘肌（或者说大油田），皮肤里面为什么会干呢？这没有道理嘛。皮肤最外层都是油，皮肤里面的水分怎么会大量丢失呢？能丢哪儿去？既然水分没有额外丢失，为什么要说"外油内干"呢？

有些人面中部油脂分泌旺，两侧面颊皮肤却总觉得干燥，这叫混合性肌肤，在人群中比较普遍。但这个也不是"外油内干"！混合性皮肤的产生，大部分是因为清洁过度或者滥用护肤品。这种肤质，是需要加强保湿的，但是保湿主要针对干燥部位。对油脂分泌旺盛的面中部，做好常规保湿即可，多选用清爽不油腻的保湿护肤品，在夏天尤应如此。

一眼看上去就很油腻的超级大油田皮肤，真的不会干，是外油内湿，一点儿不缺水。因为是大油田，很多人觉得不好看，就使劲儿洗，疯狂洗，还要去角质。每次这么清洁下来，皮肤肯定会觉得很干，这个时候保湿护肤品就必须得上了。但是，长期这么过度清洁，最后的结局就是皮肤屏障受损，于是脸变敏感了，红血丝出来了，出现各种不舒服的感觉，以后用各种护肤品都会有不适感。

　　总结一下，"外油内干"的说法是不科学的。除非油性皮肤因人为的过度清洗，可能会造成暂时的皮肤干燥，但这也不能说就是"外油内干"。痘痘肌只需要进行常规保湿，油脂分泌旺就选用清爽不油腻的保湿护肤品。如果油脂超级旺盛，你不用保湿护肤品都没关系。放心，你的脸不干！如果你喜欢清洗大油田，那就注意不要清洁过度，留点儿油脂在脸上对皮肤好，不容易长皱纹。实在不喜欢脸上有油的，请记住，清洁完脸立即涂抹保湿类护肤品。

招招治痘，让痘痘远离你

了解了我们的皮肤和痘痘的关系，我们就要着手来赶走这些讨人厌的小疙瘩了。

修理痘痘的一线好手

外用维 A 酸类药物是痘痘治疗的最基本用药，可以单独用于治疗黑头或白头粉刺，也可以和外用（或口服）抗微生物药物联合使用治疗炎症性的痘痘（红色的、有脓的或者囊肿、结节）和混合性的痘痘（既有粉刺，又有炎症）。

外用过氧化苯甲酰非常有效，主要用于消痘痘炎症，对粉刺也有一定疗效。

外用抗生素（克林霉素和红霉素）不推荐单独使用，一定要和过氧化苯甲酰联合使用（为了减少细菌耐药）。

具体用药组合如下：

（1）白头及黑头粉刺：外用维 A 酸药物，比如维 A 酸、异维 A 酸、阿达帕林等。

（2）炎性皮损（红色丘疹、脓疱）：过氧化苯甲酰、抗生素类（红霉素、克林霉素）或者过氧化苯甲酰和抗生素搭配使用（可以减少细菌耐药）。

（3）较重皮损（囊肿、结节）：维 A 酸＋过氧化苯甲酰、维 A 酸＋抗生素、维 A 酸＋过氧化苯甲酰＋抗生素。

痘痘防治

（4）其他药物：外用水杨酸、壬二酸或氨苯砜（出自《美国痤疮指南》，供参考）。

口服抗生素（米诺环素、多西环素、阿奇霉素等）推荐用于治疗中重度炎症性痘痘，或者外用治疗无效的痘痘。口服抗生素连续使用时间不要超过 3 个月（是不是觉得时间很长？嗯，最好监测肝肾功能）。推荐与外用过氧化苯甲酰或者维 A 酸类药物同时使用，并长期维持外用。口服避孕药推荐用于治疗严重的结节性痘痘、中度顽固性痘痘，因为痘痘形成瘢痕或导致心理苦闷的痘痘患者也可以考虑。当然，男同胞就不要吃了。

治疗炎症明显的红痘痘，还是红光和蓝光比较合适。蓝光照射可以杀灭痤疮丙酸杆菌，还可以减少皮肤油脂的分泌。红光则负责消除痘痘炎症，抑制瘢痕形成。两者搭配，挺好！当然，选择红蓝光治疗，也需要你每周来医院 2~3 次，进行 5 次左右才能看到明显效果。

对症状非常严重的痘痘，还有光动力治疗（PDT）这一选项。PDT首先将光敏剂涂抹在严重痘痘上一段时间（从 30 分钟至 2 小时不等），光敏剂会被毛囊皮脂腺吸收，并优先被皮脂腺细胞摄取。然后使用激光或光设备激活光敏剂，产生单态氧，从而损害皮脂腺并减少痤疮丙酸杆菌而达到治疗目的。PDT 对严重的囊肿结节型痘痘的疗效优异，已经在国内经过数千例患者的临床验证。PDT 需要多次治疗，每次治疗的费用高，适合经济能力较好的患者。

一些陈旧性的囊肿或者结节，外用、口服、光疗，始终不能完全平复，这个时候我们可以选择局部注射治疗。可以将长效糖皮质激素联合抗生素注射入皮损，每个月一次，效果较好。但这个对注射的要求比较高，必须由专业的皮肤科医生来操作。

强哥的三个重要提醒

我们在"修理"痘痘的时候，需要注意到以下几点，是我们绝对不应该做的：

第一，痘痘千万不要挤！

不要挤，不要挤，不要挤！重要的事情必须说三遍！你们知道为什么有人得了痘痘，之后脸上会留很多凹陷性小坑吗？告诉你，99% 都是挤痘痘挤出来的！看到脓头不爽？用药吧，消得会很快的，别一个人偷偷地挤了。简单说，挤的时候，一部分痘痘的内容物是挤出来了，还有一些其实被你挤到更深的皮肤内层去了，反而会加重炎症。知道痘痘什么情况最难治吗？萎缩性瘢痕, 就是痘坑！知道什么情况治疗最花钱吗？萎缩性瘢痕！我就说这么多，以后还挤不挤？你自己看着办吧。

第二，异维 A 酸和米诺环素不能一起用！

这两种都是非常好的药物，前者治疗痘痘的囊肿、结节是首选用药，后者治疗红色的或者带有脓头的痘痘是首选！但是说明书上明确注明了：这两者不能一起用。

不过就怕一种情况：比如你在这个医院开了前者，后来又去别的医院看，医生不知道你在用前者，然后给你处方了后者，这样就糟糕了。门诊碰到的痘痘患者，往往奔走了很多医院，看过很多医生, 用过很多药。所以如果你是痘痘患者，就诊的时候记得告诉医生，你用过以及目前正在用的药物。

第三，近期有怀孕计划的千万不要碰维 A 酸类药物！

维 A 酸（或者叫维甲酸）这类药物有致畸作用，特别是口服制剂！以前门诊看到年轻女性，开药之前我会问她们在不在妊娠、哺乳或者备孕期。随着二胎政策的放开，现在只要是 50 岁以内的女性，我都会问上面这个问题。女性有妊娠需求的，千万不要口服维 A 酸类药物。外用的最好也不要碰，安全第一。男性痘痘患者，虽然说明书没提这一点，但强哥也建议，如果在备孕期间，也不要用了，等老婆怀上了再用。

痘痘防治

6.

痘痘和螨虫，傻傻分不清

之前曾看过一篇文章："一颗痘痘 200 条虫，长痘的脸原来那么脏！"我惊呆了，作为一个皮肤科从业多年的老医生，怎么没学过这个知识？

这篇文章里面提到的"虫"指的就是螨虫。其实每个人脸上都有螨虫，无论皮肤有问题，还是外观无任何异常。但我们要知道一点，螨虫有很多种，脸上的螨虫跟引起过敏性鼻炎、荨麻疹、丘疹性荨麻疹（虫咬皮炎）等过敏性疾病的螨虫是不一样的。

脸上的螨虫叫"蠕形螨"，俗称毛囊虫，是一类永久性寄生螨，寄生于人和哺乳动物的毛囊和皮脂腺内。也就是说，**无论你的皮肤有没有问题，蠕形螨都在那里**。无非就是在一些情况下，蠕形螨可以导致皮肤的炎症反应，使得皮肤外观出现异常，比如玫瑰痤疮（俗称酒渣鼻）。

我们日常所说的"痘痘"，就是痤疮，它和玫瑰痤疮不是同一种病。痘痘的病因比较复杂，我之前说过，跟体内的雄激素有关，跟毛囊皮脂腺导管的异常角化有关，也和一些微生物感染有关。这儿指的微生物，主要是指"痤疮丙酸杆菌"这种细菌，而不是蠕形螨。蠕形螨和痘痘的发病关系不是很大。

公认和蠕形螨关系密切的皮肤疾病就是俗称"酒渣鼻"的"玫瑰痤疮"，这个病的治疗措施中常常用到一些抗生素来杀螨治疗，尤其是有丘疹、脓疱表现的时候。

　　有时候脸上长个小疙瘩，去医院检查，挤了一下，显微镜下看到了蠕形螨，我们不能草率地说这个就是蠕形螨引起的皮肤病。科学诊断一定要结合特征性的临床表现，不能单靠显微镜检查。我之前也说过，外观正常的面部皮肤也存在螨虫。

痘痘防治

影响痘痘的食物们

传统观念总认为长了痘痘（痤疮），不能吃辣，不能吃油，还不能吃巧克力等。那事实到底如何呢？

目前在皮肤科学界，大量的科学证据表明，与痘痘发生相关性最强的是"高血糖生成指数"（GI）。不同国家的研究结果均表明，低 GI 饮食的人群，痘痘的严重程度显著较轻。低 GI 饮食可以使皮肤分泌油脂的皮脂腺体积缩小，从而减少"出油量"。所以，对痘痘患者而言，那些特容易引起血糖升高的食物可得少吃点儿。具体包括哪些食物？可以去查一下常见食物的 GI 值。

另外一个和痘痘明确相关的饮食，你绝对意想不到。国外研究表明，"低脂或脱脂牛奶的摄入和痘痘成正相关"。啥，你问我什么是"正相关"？哦，意思就是平时每天喝低脂或脱脂牛奶的人，更容易出现痘痘。目前，普遍建议，如果想让痘痘早点儿好就少喝牛奶，少吃牛奶制品。

关于辣椒问题，虽然大家普遍认为和痘痘有关系，但实际上，到目前为止，没有任何证据表明，经常吃辣的人就容易长痘痘。举个例子，四川和重庆的朋友们，也没有发现痘痘特别高发啊。不过，确实有患者反映吃了辣后痘痘好像加重了。

油腻食物和痘痘的关系一直比较暧昧，经常在门诊遇到家长带了孩子来看病，当孩子诊断为痘痘的时候，很多家长都会说，肯定是因为孩子喜欢吃肉。其实，一直没有强有力的证据表明高脂肪食物和痘痘的发生有关。上面也提到跟痘痘发生成正相关的是脱脂牛奶，而不是脂肪含量比较高的全脂牛奶，这也从一个方面说明，高脂肪含量的食物目前来看并不是导致痘痘发生的原因。

至于巧克力更是如此，纯巧克力（黑巧克力）跟痘痘的发生没有任何关系。很多人对巧克力有误解是因为，目前能买到的巧克力不是纯巧克力，而是添加了牛奶和糖分的巧克力。商家这样做是因为纯巧克力太苦，小朋友们不喜欢吃。

8.

不简单的痘印

谁不喜欢光滑、细腻、白皙的皮肤？所以，脸上有痘印的朋友都很烦恼，无论是男生还是女生。虽然我一直认为，男人脸上有些印子更显沧桑，但像我这种想法的人极为罕见。门诊经常遇到一些患者咨询如何消除痘印，我们就来扒一扒痘印是怎么回事。

其实我们俗称的"痘印"，主要有四种情况：

第一种：红色的痘印。早期主要由痘痘里面本身的炎症引起，时间长了痘痘已经长平了，但红色始终不消退，要考虑可能有毛细血管扩张。

第二种：黑褐色的痘印。这个其实是痘痘消退后留下的炎症后色素沉着，主要就是黑色素沉积。说实话，这个是比较棘手的问题。

第三种：增生性瘢痕。痘痘消了以后有时会留下隆起的增生性瘢痕，可大可小，持续不消退。

第四种：萎缩性瘢痕。可以看到脸上有很多凹陷性的小坑，有深有浅，严重的密密麻麻上百个，严重影响美观。

所以"痘印"虽然只有两个字，但是其实很不简单。痘印形成的罪魁祸首，在很多情况下就是挤痘痘。要问"痘印"怎么治疗？真是三天三夜也说不完。下面简单列举一下。

第一，对于炎症引起的痘印，可以坚持外用抗炎治疗，比如含有过氧化苯甲酰、红霉素、夫西地酸、克林霉素等成分的外用药物；如果存在毛细血管扩张的情况，这些药物就效果不大了，这时需要用到染料脉冲激光或强脉冲光等治疗手段。具体什么时期用什么治疗，要去医院看专业皮肤科医生。

第二，对黑褐色的炎症后色素沉着（说实话，这个难治，急不来），可以外用褪色素的药物，这个我以前提过，比如氢醌、熊果苷等；也可以通过治疗设备将一些褪色素的药物局部导入，增加疗效。如果不治疗也不代表就好不了，一般来说，炎症后色素沉着会慢慢淡化，但需要数月甚至更久的时间。

第三，对增生性瘢痕，我们可以外用硅凝胶、积雪苷、多磺酸粘多糖或者是复方肝素钠尿囊素等药物，或者口服曲尼斯特治疗。效果最快的是局部注射长效糖皮质激素，但要注意可能出现的不良反应。也可以用激光治疗，比如颜色比较红的增生性瘢痕，可以用染料脉冲激光治疗。上述几种治疗方法之间可以相互配合使用。

第四，对于萎缩性瘢痕，积雪苷软膏是双相调节药物，可以用。但是硅凝胶等外用药物就不大适合了。维 A 酸类的外用药可以使用，但需要注意局部会有一定刺激，另外备孕、妊娠及哺乳期不建议使用。果酸换肤术对轻度的萎缩性瘢痕有一定的治疗效果，但也有很多的注意事项，需要和你的主治医师详细沟通。其他像剥脱性点阵激光也是很好的治疗手段，一般三个月做一次。病情严重程度不同，治疗次数也不同。

上面列举的是最常用的治疗措施。再次提醒大家，即使是小小的"痘印"，其实也有很多不同的临床表现，每个患者的情况都是不同的，所以治疗方案也是个体化的。还是那句话，想好好治痘印，就到正规医院就诊，找专业皮肤科医生好好聊一聊。脸面上的事，一定要慎之又慎，治疗是把双刃剑，治疗前对预期的治疗效果和可能的不良反应一定要有充分的了解。

痘痘防治

9.

"痘坑"的出路

关于"痘坑"，我在上一节已经讲过了，主要的表现就是面部的很多小凹陷性瘢痕，也叫萎缩性瘢痕。大多数情况下是因为自己挤压痘痘造成的。关于痘坑的解决之道，我总结有如下三条：

首先我能想到的，就是把这些"坑"填满，常用有两招。

化妆术：用各种粉啊，霜啊，膏啊，把这些坑遮盖住，但晚上洗洗就原形毕露，不过是权宜之计。一些明星出镜前都用这一招，不这么搞粉丝少一半。

注射皮肤来源的干细胞：皮肤干细胞很厉害，把它用合理的技术注入瘢痕内，它可以不断地增殖、分化，逐步填充这个坑。听上去很不错哦！但这一项技术的顺利、规范开展，还要走很长的路。首先需要解决的就是这些干细胞的来源问题，比如谁来提供皮肤干细胞？就给自己用还是可以给别人用？如果一个人的皮肤干细胞给另一个人用，这里面涉及的伦理问题和安全性问题就比较复杂了。

那好，就用自己的干细胞。皮肤来源是什么呢？首先得从你身上切一块皮肤，最好带些脂肪，脂肪干细胞是好的。来源解决了，干细胞也分离培养好了，那下一步在哪儿操作，谁给你操作？这是一个大问题。现在干细胞美容这一块，国家还没有正式批准过任何一个项目。

其次我能想到的，是想法让坑底和坑边的"落差"缩小，让坑看上去不明显，常用的也有三招。

皮肤磨削术：用专门的磨头，把粗糙不平的皮肤打磨至平坦光滑。刚做完磨削的脸不能看，有些吓人，要等皮肤慢慢愈合看效果。主要并发症是色素沉着、感染、粟丘疹（脂肪粒），另外磨过头了容易出现增生性瘢痕。这对皮肤磨削操作人员的要求很高。

维 A 酸类外用药和积雪苷软膏：对痘坑治疗有一定效果，但效果很慢，一定要有耐性。

化学剥脱术：也就是果酸换肤了。对浅表痘坑有疗效，目前主流使用复合酸产品，但千万不要买了在家自己治。

最后我能想到的，是把痘坑底部的那层皮肤（它限制了瘢痕的自我修复）干掉，让痘坑继续修复、变浅。最经典的就是超脉冲 CO_2 点阵激光，这是目前公认的治疗痘坑的好招。这种激光瞬间让你的痘坑"千疮百孔"，然后重新启动皮肤的修复机制。几次下来，效果很好。

2017 年，一个新加坡医学团队在皮肤外科学杂志上发表了一篇研究报告，名为"CO_2 点阵激光治疗亚洲人面部痤疮瘢痕的功效和并发症的回顾性分析"，主要针对的就是凹陷性瘢痕（痘坑）。

这个团队对 107 名患者（65 名男性和 42 名女性，皮肤类型是 II 型至 V 型，其中 98 名中国患者）进行了面部痤疮瘢痕的 CO_2 点阵激光治疗，医生建议每个月治疗 1 次，共 3 次。实际患者接受治疗 1~7 次，平均 2 次。CO_2 点阵激光治疗后的随访结果显示，66.4 % 的患者获得了一级皮肤纹理改善，即改善小于 25 %；30 % 有二级改善，即改善 25 % ~50 %；3.7 % 有三级改善，即改善 51 % ~75 %；0.9 % 有四级改善，即改善大于 75 %。该研究证实了 CO_2 点阵激光治疗亚洲人痤疮凹陷性瘢痕的有效性和安全性。

当然我们也注意到有一定不良反应的发生。107 例患者中有 16 例发生不良事件，不良事件包括局部炎症后色素沉着、起疱、结痂、炎症性痤疮皮损加重和瘢痕形成，没有炎症后色素减退、细菌或病毒感染的不良反应出现。这些不良反应的发生有多种多样的原因，可能是激光治疗参数人为设置不恰当，比如能量偏大；也可能是激光治疗后没有严格防晒等。但有一点是确定的，在专业医院皮肤科治疗痤疮凹陷性瘢痕（痘坑），CO_2 点阵激光的确是很好的选择。

另外还有微针射频技术，具有表皮微剥脱、真皮热变性刺激胶原合成的功能，对痘坑有一定疗效。

10.

你在用"致痘"化妆品吗

很多朋友使用化妆品，尤其是有痘痘的朋友使用化妆品，特别害怕这个化妆品是"致"痘的，用了会长痘痘。

如何鉴别这个化妆品会"致痘"或者"闷痘"呢？网上疯传的"阻塞毛孔成分表"，是大家普遍借鉴的"标准"。阻塞毛孔会怎么样？理论上会导致粉刺的发生，而粉刺就是痘痘的早期表现。那这个"标准"到底是否准确呢？

美国的 Draelos 医生早在 2006 年就在国际权威学术期刊上发表过一篇论文。她在人的后背皮肤测试了一系列不同的化妆品，惊奇地发现含有所谓阻塞毛孔成分的化妆品成品，不一定阻塞毛孔。

这个结果我认为是没有问题的。单纯地参考所谓的"阻塞毛孔成分表"来选择化妆品，本来就没有什么意义。当然，我们在日常也发现，有些化妆品不含有所谓"阻塞毛孔成分"，但也有朋友会反映，用了这个化妆品以后脸上容易长痘痘。

所以，世间的事都是没有绝对的，一切最好以自己的亲身体验和感受为准，只有用了才知道某化妆品到底适不适合你。至于所谓的"阻塞毛孔成分表"，大家千万不要当真了。太认真，你就输了！

痘痘防治

11.

与"黑头"和"白头"斗争的 N 种方式

很多人关心脸上的"黑头"和"白头",因为影响美观。另外绝大多数人以为黑头、白头是和痘痘不一样的皮肤疾病。其实,黑头就是"黑头粉刺",即"开放性粉刺"的俗称。那相对应的,"白头"就是"白头粉刺"和"闭合性粉刺"的俗称了。黑头和白头,也是痘痘(痤疮)的临床表现,而且是最常见的表现。

在治痘江湖上,各大武林门派与黑头和白头斗争得非常激烈,不同门派招数大不同。

(1)少林派:以刚猛著称,主要功法是鼻贴。这玩意儿用了"立竿见影",但过段时间你会发现,黑头又回来了,而且看上去比以前更大,因为毛孔变大了。打个比方,聚宝盆自己会产生金银财宝,你把东西拿走了,过段时间聚宝盆里又会出现宝贝,因为盆还在!所以,产生黑头的"根"始终存在,怎么可能彻底好呢?而且鼻贴经常使用,其物理的撕扯作用会让毛孔不断变大,更加影响美观。

(2)丐帮:擅长使用各种纯天然材料作为武器克敌制胜,比如打狗棒(蛋清去黑头)。利用蛋清很黏的特性,涂抹在鼻头,黏住黑头。再覆盖一片化妆棉,再淋一层蛋清。等干了以后再撕开,很多朋友发现黑头黏附在化妆棉上了,当场流下了激动的泪水。但这一招和少林派差不多,因为"聚宝盆"还在,所以治不了根,而且也容易让毛孔变大。

（3）日月神教：以针法取胜，制胜武器是粉刺针（粉刺挤压器）。密密麻麻的黑头和白头，用粉刺针一个一个把里面的皮脂挤出来。但是不规范的操作容易继发细菌感染，挤不到位还容易留有瘢痕，另外"根"也还在，以后还会冒出来。白头挤出后，下次再长出来就变成黑头了。

（4）大理段氏：一阳指，太有名了！用指法挤黑头和白头，是很多人的最爱！那种带着微痛的酸爽，无法用言语形容，只能高歌一曲《小苹果》来抒发了。手指挤压简单粗暴，损伤大，副作用强，挤出瘢痕不算大事，曾有报道有人挤痘痘后感染了很厉害的细菌差点儿把命挤没了。因此一阳指虽好，但伤身！

（5）逍遥派：他强任他强，清风拂山岗。嗯，就是不治疗的意思。长黑头和白头有什么关系？有些朋友不在乎，所以也不治疗。

（6）太极门：绝活儿为四两拨千斤，"四两"指的是外用维 A 酸类药物，这类药物是真正针对黑头和白头的形成病因进行治疗的，最好每天晚上搽一次。一定要坚持搽，因为疗程很长，至少一个月才能见到效果。坚持，坚持，再坚持！但女性朋友要注意，这一类药物在备孕期或是妊娠、哺乳期，不建议使用。另外还有外用低浓度果酸，有去除角质、缩小毛孔的作用，对黑头有不错的治疗效果。

痘痘防治

强哥答疑

1. 为什么我的青春期早已走远，却还是会长青春痘？

　　长痘的主要原因是体内雄激素的作用使皮脂分泌增加，另外皮脂排出经过的毛囊皮脂腺导管角化异常，使皮脂排出不顺畅，痤疮丙酸杆菌趁机大量增殖，继发了一系列复杂的炎症反应。这是大多数青年人长出"青春痘"的主要原因。

　　与"青春痘"相对应的还有个名词叫"成人痤疮"。成人痤疮的成因跟经典的痘痘成因是有所不同的。现在认为和精神压力、化妆品、饮食或药物有关。

2. 化妆品店的店员说我长痘是因为皮肤"外油内干"要补水，这是什么意思？

　　"外油内干"的说法是不科学的。除非油性皮肤因人为的过度清洗，可能会造成暂时的皮肤干燥，但这也不能说就是"外油内干"。痘痘肌只需要进行常规保湿，油脂分泌旺就选用清爽不油腻的保湿护肤品，如果油脂超级旺盛，你不用保湿护肤品都没关系。放心，你的脸不干！

3. 很多产品称可以除螨，能帮助祛痘，是真的吗？

　　脸上的螨虫叫"蠕形螨"，俗称毛囊虫，是一类永久性寄生螨，寄生于人和哺乳动物的毛囊和皮脂腺内。也就是说，无论你的皮肤有没有问题，蠕形螨都在那里。只是在一些情况下，蠕形螨可以导致皮肤的炎症反应，使得皮肤外观出现异常，比如玫瑰痤疮（俗称酒渣鼻），但这和我们的痘痘不是一种病。

4. 听说痘痘和饮食关系紧密，我是不是吃错了才长痘的?

目前在皮肤科学界，大量的科学证据表明，与痘痘发生相关性最强的是"高血糖生成指数"（GI）。所以，对痘痘患者而言，那些特容易引起血糖升高的食物可得少吃点儿。

同时，国外研究表明，"低脂或脱脂牛奶的摄入和痘痘成正相关"。因此，牛奶可以少喝，奶制品也要少吃。大家普遍认为和痘痘有关的辣椒，反而是无辜的。

5. 痘痘消失后留下的痘印好丑，怎样才能摆脱它们?

针对痘印的成因，要采取的办法也不一样。

对于炎症引起的痘印，可以坚持外用抗炎治疗；如果存在毛细血管扩张的情况，就需要用到染料脉冲激光或强脉冲光等治疗手段。具体什么时期用什么治疗，还要去医院看专业皮肤科医生。

对黑褐色的炎症后色素沉着，可以外用褪色素的药物，也可以通过治疗设备将一些褪色素的药物局部导入，增加疗效。一般来说，炎症后色素沉着自己也会慢慢淡化，但需要数月甚至更久的时间。

对增生性瘢痕，可以外用硅凝胶、积雪苷、多磺酸粘多糖或者是复方肝素钠尿囊素等药物，或者口服曲尼斯特治疗；效果最快的是局部注射长效糖皮质激素，但要注意可能的不良反应；也可以用激光治疗。上述几种治疗方法之间可以相互配合使用。

对于萎缩性瘢痕，积雪苷软膏是双相调节药物，可以用。但是硅凝胶等外用药物就不太适合了。维A酸类的外用药可以使用，但需要注意局部会有一定刺激，另外备孕、妊娠及哺乳期不建议使用。果酸换肤术对轻度的萎缩性瘢痕有一定的治疗效果，但也有很多的注意事项，需要和你的主治医师详细沟通。

痘痘防治

Chapter 9

面对脸上的斑斑点点
怎么办才好

1.

说说你们关心的脂肪粒

什么是脂肪粒

经常在门诊遇到患者，一坐下就说自己是来看脂肪粒的。那么问题来了，什么是脂肪粒？

脂肪粒，其实不是一个标准的诊断，而是民间的俗称。据强哥的理解，脸上那些呈乳白色或黄色，针头至小米粒大小，老是不消退，摸上去有点硬的小疙瘩，大家都喜欢称作脂肪粒。而现实中，让人觉得像脂肪粒的这种情况，其实是包含了好几种皮肤病的。

很多患者认为的面部脂肪粒，都是白头粉刺。白头粉刺是闭合性的，又叫闭合性粉刺，外观呈皮肤颜色或浅白色，所以被某些朋友认为是脂肪粒。黑头粉刺大家都知道，因为外观比较黑，所以没资格被误会成脂肪粒。粉刺的治疗方式主要是外用维 A 酸或者果酸，都必须在医生指导下使用。

还有些脂肪粒，常见于眼周，其实是粟丘疹。眼睛周围是粟丘疹好发部位。怎么解决这个小玩意儿？局部用酒精或碘伏消毒，然后用无菌的针头一挑即可！之后两三天外用抗生素软膏。就这么简单？是的，就这么简单！不过，保险一点儿，我建议还是去正规医院皮肤科让专业人士帮你挑。自己在家弄，总觉得有感染的风险。记住哟，这可不是在家用打火机烧一烧缝衣针就能干的事情。

　　另外，出现在下眼睑的，多发性的，颜色接近正常肤色，摸上去可稍微高出皮肤，但也不是很硬的脂肪粒，叫汗管瘤。

　　曾经有一个我的公众号读者专门来门诊找我，她认为自己下眼睑多发性的丘疹是扁平疣（乳头瘤病毒感染），但其实是汗管瘤。

　　我当时是这么对她说的："你的症状很轻，不仔细看并不明显，所以我不建议你治疗。如果你执意要治疗，可以用激光、冷冻等方式，但是很难完全去除，而且有留瘢痕的风险。你实在想治疗，我们可以先局部挑一两个治疗，看看治疗反应。"当效果和风险并存的时候，做决定的确要慎重。

脂肪粒和眼霜的关系

　　很多女性朋友平时会有用眼霜的习惯，一旦眼睛周围出现了脂肪粒，她们就会怀疑脂肪粒的出现和长期用眼霜有关系。说到这儿，眼霜觉得心里拔凉拔凉的，我在之前的章节中提到过这个。

　　成年人的粟丘疹常在一些皮肤炎症后出现，跟用眼霜没啥关系。汗管瘤是一种常见的良性皮肤肿瘤，好发于眼睑，它跟内分泌和遗传有一定关系。但说实话，跟眼霜也真没啥关系。

　　大家可能经常在网上看到各种帖子说有些眼霜会导致长脂肪粒，然后换用了某某眼霜后就发现不长脂肪粒了。这些都是没有事实根据的，大家不要相信。另外，还有些眼霜声称可以祛除脂肪粒，这个就更离谱了！可千万别当真。

面部斑点

雀斑能根治吗

　　雀斑在欧美白种人中非常常见，相对而言，黄种人患病率低一些。我们可以在各种电影、电视剧里看到，很多欧美明星脸上都有雀斑，甚至颈部、肩部都有。

　　那么问题来了，为什么这些毫无经济压力的明星们不去彻底治疗一下自己的雀斑？其实，欧美人对雀斑的态度是开放和容忍的，他们不觉得这会影响美观。此外还有一点，雀斑也不是这么好治的，或者说是不容易根治的。

　　雀斑的发生和基因有关，大多数人长雀斑都是有家族遗传史的。当然，这话也不绝对，比如有些患者（通常是青春期儿童）脸上有雀斑，但是父母没有，这个情况也存在。但是如果一个人有雀斑，那他的后代遗传到雀斑的可能性就很大。当一种皮肤疾病明确地说是和基因有关，那很多时候，我们就可以理解为，这个疾病很难根治。显然，雀斑就是这一类皮肤疾病。

　　另外，日晒，也就是阳光中的紫外线照射是诱导雀斑发生、加重和复发的关键因素。所以我在门诊最常叮嘱雀斑患者的话就是，要做好日常防晒工作。目前雀斑有效（不是根治）的治疗方式主要是强脉冲光或者激光（多种类型选择），另外液氮冷冻、外用氢醌、果酸换肤也可以改善雀斑状况。这里的"有效"指的是可以让你短期内非常满意疗效，但是很容易复发。尤其是在夏季接触阳光后，"消失"的雀斑往往会重新出现。做好严格的防晒工作，可以减轻复发的严重程度。

所以，如果你想获得长期的雀斑改善，那你每年都需要往医院跑几趟。当然了，接近你肤色的遮盖霜也是"治疗"雀斑的一种选择，适合想治疗但又不想往医院跑的朋友。

3.

棘手的黄褐斑

黄褐斑多发生于成年女性面部，这种双侧对称的黄褐色斑片，极大地影响了美观。在门诊遇到的黄褐斑患者，大多都会涂抹遮瑕或隔离类化妆品来进行遮盖。

激光可以祛除黄褐斑吗

说到"斑"的治疗，很多患者有这么一个观念：如果脸上有斑斑点点，想治疗的话，肯定首选到医院用激光治疗。好像不论是哪一种斑，激光都可以搞定。对于黄褐斑这种知名度很高、严重影响女性颜值的皮肤问题，大家的看法亦是如此。所以，在门诊遇到的这一类患者，大多会问我："医生，我想来用激光治疗黄褐斑，这个斑用激光治疗要花多少钱？"然后我就得开始耐心地解释以下内容。

其实，黄褐斑的治疗和别的斑略有不同。目前，黄褐斑的主要治疗方法有激光、光子、口服药物、外用药物等，其中，激光治疗其实是最后的选择，绝不是首选，甚至光子的效果都优于激光。也就是说，在其他治疗没有效果的情况下，我们才考虑选择激光，比如 1064 nm Nd：YAG 激光。

目前国际上公认最有效的黄褐斑治疗方式，还是口服氨甲环酸（传明酸）。虽然皮肤科学界已经公认这个药物对黄褐斑的良好疗效，但这个药物的说明书上没有直接提"黄褐斑"三个字。所以，临床使用口服氨甲环酸治疗黄褐斑，必须医患之间提前做好充分沟通。

那么氨甲环酸能不能外用呢？方法也是有的，现在也可以通过微针等促渗透手段，将含有氨甲环酸的液体直接导入皮肤内，从而实现"外用氨甲环酸"。

其他的一些治疗黄褐斑的方法，比如经典的 Kligman 三联外用疗法，也就是"氢醌 + 糖皮质激素 + 维 A 酸"，这样的配方在欧美人群中运用较多，疗效受到广泛好评。但是在东方人群中，这样的配方往往会有较明显的局部刺激反应，所以不能被患者接受。口服抗氧化成分的药物比如维生素 E 等，对淡化色斑也有一定帮助。此外还有化学剥脱法等，就不展开说了。

目前治疗黄褐斑还是联合治疗比较多，比如口服联合外用，或者口服联合光子等。但我要提醒大家一点，黄褐斑的治疗真的很棘手，表现为深褐色斑、边界清楚的"表皮型"黄褐斑，其治疗的有效率会比较高一些。

正确使用氨甲环酸

说回到氨甲环酸，口服氨甲环酸治疗黄褐斑是皮肤科学界比较推崇的方法。口服剂量很小，安全性比较高。国际皮肤科学界绝对权威杂志《美国皮肤病学会杂志》（*Journal of the American Academy of Dermatology, JAAD*）发表过一篇论文，对 561 名亚洲患者进行了回顾性研究，有单独口服氨甲环酸的，也有配合使用其他外用脱色药物或光疗的，总有效率高达 89.7%。这个真的很厉害！但这篇文章的作者也建议，开始治疗前，需要仔细排除个人史和家族史中有血栓栓塞危险因素的患者。因为，氨甲环酸自发明之日起，主要是作为一种止血药物，后来才意外地发现它治疗黄褐斑的突出效果。

目前推荐的口服氨甲环酸疗程是 8~12 周，可能出现月经过少的现象，但这是正常现象。我个人建议采用口服氨甲环酸治疗黄褐斑的患者，如果用药期间出现月经量减少的情况，可以在月经期停止服用氨甲环酸。另外，美国皮肤病学年会的大会报告，在一项对 24 万女性持续 19 年的妇产科研究中，没有发生血栓性疾病的报告，但这项研究中亚洲女性这方面的大样本数据缺乏。

我曾经在门诊值班的时候遇到过一位患者，这名中年女性因黄褐斑前来就诊，自诉效果不错，希望继续处方氨甲环酸口服。我问了一句："口服多久了啊？"她说："快两年了！"我顿时吓了一跳，我忙接着问："期间体检过吗？查过凝血功能吗？"她说："没有！"

这个情况绝对不会是个例，所以在这里我要提醒有强烈美白需求的朋友们，氨甲环酸虽好，但这个药必须在经过专业皮肤科医生对病情进行诊治并给出指导后，再决定是否使用。千万不能像我提到的这位患者一样，因为爱美，就不管三七二十一通过各种途径拿到这个药物自己用，这样是很容易出大事的啊！

我们先不论氨甲环酸口服治疗黄褐斑超不超适应证的问题。国外的很多大样本的治疗经验早已验证了氨甲环酸的有效性，尤其是在针对黄褐斑这个特别棘手的损容性皮肤病方面。但大部分研究推荐的疗程是 2~3 个月，有些学者推荐 4 个月。一般口服 2 个月左右起效，如果服用 3 个月没有效果就停用。如果口服 4 个月已经看到明显效果，但希望继续获得改善而继续服药，必须定期检测血常规、肝肾功能和凝血功能。毕竟吃了这么长时间药，对吧？吃药可不是吃饭。

为了规避不良反应，可以在吃满 4 个月，已经有明显疗效的情况下，停用三四个月，然后根据皮疹的变化情况再决定是否继续服用。黄褐斑这个玩意儿变化多端，能有明显改善已经是很不错的治疗效果。所以，治疗前就把治疗目标定位为一定要完全消除黄褐斑，真是为难自己也为难医生了。

当然临床上一些爱美的朋友在看到疗效已经显现的时候，她们是勇敢而无所畏惧的，大多选择继续口服，半年、1年，甚至2年。对此，我的忠告是，请一定要定期体检。再次强调，首次治疗前必须排查有没有血栓栓塞的情况或者严重的心脑血管疾病。另外，黄褐斑在治疗改善后，停用口服药物，过一段时间是可能会复发的，概率是百分之二十几。

门诊曾有位患者咨询我，美容院跟她推荐的"氨甲环酸原液"有没有效果。我们先不讨论这个"氨甲环酸原液"有没有批号，是不是合规产品的问题。想让外用氨甲环酸发挥"去黑"的作用，必须让它很好地被皮肤吸收。水光针和纳米微晶是目前比较先进的促渗透技术，而操作两种技术的设备是比较专业的；光电治疗，比如剥脱性点阵激光治疗术后直接使用也是可以的；另外就是一些具有可靠数据的促渗产品，如巴布贴。

面部斑点

"老年斑"是什么

人总会老去，头发会白，皮肤也会改变。随着年龄的增长，你的皮肤也会有显著的老化。

人的皮肤尤其是暴露部位，经常接受阳光尤其是紫外线照射，很容易比其他部位提前进入衰老程序。随着时间的推移，老化的程度也会更突出，这个就叫光老化。一般认为 25 岁是个标志性年龄，绝大多数人在这个年龄皮肤开始走向自然老化。而暴露、非防晒部位因为自然老化和光老化的共同作用，皮肤会更早（早于 25 岁）开始衰老。

皮肤老化目前主要分为四种类型：

Ⅰ型早期老化：没有明显皱纹，可以有轻微色素沉着。

Ⅱ型早、中期老化：可看到红血丝，皮肤不再细腻，可以触摸到皮肤角化，可能有老年斑和细纹，面部肌肉运动时可以看到皱纹。

Ⅲ型、Ⅳ型晚期老化：有明显的老年斑、皮肤角化、红血丝和皱纹。

当你老了，皮肤会不再细腻，不再光滑，会有皱纹。正常人皮肤生理性的衰老，以及长期日光照射引起的光老化，都会使你的皮肤发生这样的改变。

皮肤老化后脸上的"斑"主要是两种，一种褐色、平的，也就是我们最常称作老年斑的，专业上叫老年性雀斑样痣或者日光性雀斑样痣。还有一种褐色，稍高出皮肤，摸上去有些粗糙的，那叫老年疣，又被称为脂溢性角化。有些脂溢性角化也是平的，斑片状的。第二种非常好治，冷冻或 CO_2 激光就能解决，效果很好还很便宜。第一种斑就稍难一些了，这个难指的是治疗效果因人而异，多用激光治疗。

当你老了，有时皮肤还会颜色发白。可能会看到身上出现很多圆形小白斑，米粒到绿豆大小，均匀一致。有些朋友会以为这是白癜风，所以急忙来医院看医生。其实不用紧张，这个叫老年性白斑，是皮肤衰老的表现，没法治，但也不用担心它长大或者长到脸上去。

当你老了，身上还会出现红痣。这里的红痣，指的是老年性血管瘤，红色的鼓出来的小疙瘩。不用担心，它是良性的。因为这种血管瘤的壁比较厚，所以一般不用担心会破。不用管它，没关系。

当你老了，脸上可能会出现很多黄色小疙瘩。大概米粒大小，叫老年性皮脂腺增生，因为表面颜色接近正常肤色，所以也不用管它。一个个切除？没有必要吧！

当你老了，虽然皮肤会改变，但你睿智的双眼、成熟的谈吐和美丽的心灵会让你更有魅力，所以不要惧怕衰老！

面部斑点

点痣——焦点问题

　　脸上的痣，估计只要有镜子这个东西存在就会有人关心，有人嫌不好看，有人怕痣不好。所以，来医院咨询痣的大多都是长在脸上的。痣其实有很多种，一一列举的话强哥怕大家嫌我卖弄，所以我们这里谈的"痣"，就是大家平时所看到的那种圆形的，可大可小，有的平坦，有的有些突出的黑痣。

点痣应该用什么方法

　　我们谈的"点"，不是葵花点穴手的"点"，也不是唐伯虎点秋香的"点"，而是指各种去除痣的方法。根据我多年来在门诊的观察发现，大家所知道的方法主要是激光"点"，冷冻"点"，或者用一些腐蚀性的药水"点"。还有少部分人知道另一种"点"的方式，就是手术切除。

　　痣有深浅和大小，痣的突起越明显，意味着它的根越深。所以我一直跟患者强调，**我们传统的激光和冷冻，甚至是腐蚀性的药物，用于治疗大的、突起的痣是很不合适的。**因为靠肉眼、经验，乃至手感，想去完整地去除这样的痣，是非常不可靠的。轻者若干月或若干年后复发（这个在门诊太常见了，前些天我刚帮一个朋友把额头一颗激光点后又复发的痣通过手术切除了，切下的标本必须送病理科）；重者痣细胞受到激光、冷冻等的刺激，会发生恶变。

有人说，那干脆点痣的时候范围大一些，深一些，这就带来了另一个问题：**可能会形成非常明显的凹陷性的瘢痕，可能比原来的痣还要难看！**

所以，对于看起来比较大或者突起的痣，我的建议是美容手术切除，一般在切除后精心缝合，1 周左右拆线，最初是会留有暂时的线状痕迹，但往往 3 个月后会慢慢变淡变浅，直至最后不影响美观。如果配合使用一些抑制瘢痕的药膏则恢复效果更佳。所以大家不用担心手术切除痣会带来美观问题，这样的方法最大的好处是安全，复发和恶变都是不需要担心的问题！

我需要强调一下，痣和黑素瘤之间只有一步之遥。可能你会问，冷冻或激光点痣，最后有多少人恶变的?

嗯，问得好！这个概率的确不高，但是一旦发生了，那只能对不起了。这么多治疗方案可选择，为什么不选择更安全的手术切除方式呢？

我的一位公众号粉丝来看病，她是一位年轻女孩，脸上有好几颗痣，都不大，想做"冷冻"点痣。冷冻疗法就是用低温的液氮作用于病变组织，导致组织细胞"冻死"而达到治疗目的。皮肤科的冷冻疗法范围太广了，包括寻常疣、老年疣、鸡眼、痒疹、睑黄瘤等。以前也被用于点痣，但我们发现那种凸出皮肤的痣根本点不掉，因为痣的根基太深，冷冻达不到这个深度。而那种平的痣，痣的根比较浅，冷冻有些时候可以去除掉，但要 2 周左右的时间，并且复发的概率也挺高。

点痣，尤其是针对高出皮肤的痣，我不建议激光治疗。痣有多高，说明痣有多深，甚至更深！激光点痣，如果要减少瘢痕的形成，只能控制烧灼的深度，尽可能地浅，这样就容易有残留，过数月后会复发。如果为了点干净尽量不复发，那就要烧灼足够的深度，但这样的结果就是，很容易留下萎缩性瘢痕。

面部斑点

这颗痣要不要切

经常有人问我："医生，这颗痣要不要切，会不会有事？"我想到自己胸口有颗痣，很多年了，我平时懒得理它。偶尔，躺着的时候，在感受自己双下巴的同时，我可能无意中瞟见它："似乎跟以前不一样啊，好像大了一点诶？嗯，好像形状变化了？会不会有问题？"我想，很多人会跟我有同样的经历。

虽然我自己是医生，但我也害怕身体的一些变化。比如越来越胖，这个是因为管不住我自己的嘴。但我没有很强的决心去减肥，可能血压高了，我才会行动起来。对痣这个玩意儿，虽然我是皮肤科医生，有一定的鉴别能力，但落在自己身上，其实我也挺害怕，怕它发生变化。

是不是所有脸上的痣都要去点掉？当然不是这样的，对于下面三类患者，情况就不一样了。

（1）近期脸上有痣发生变化的。如果痣短期内大小变了，颜色变了，高低变了，形状变了，或者持续痒痛，甚至自行破溃了，那就赶紧来医院预约切除吧，而且要做病理检查。

（2）脸上的痣存在多年，非常稳定。这样的情况我不会逼你切除，因为没有必要。当然，门诊有很多患者是因为美观问题前来就诊，主动要求切除，那我当然也不会拒绝。简单地讲，这样的痣是可切可不切，患者实在要求切，那就切！

（3）患者是很讲究面相、痣相的人。我想说的是，我不懂这些学问，也不会干涉你们的想法，但要是痣发生变化了，千万别死扛着！我们要讲究科学！

如何确定自己的痣是好还是坏

说到这里，有些人可能会开始有点儿慌张：如何确定自己的这颗痣是好的还是坏的呢？其实，想要区别普通的色素痣和黑色素瘤，我们有经典的 ABCDE 法。

A. 非对称：痣出现不对称变化。如痣的左半部分和右半部分不对称，或上半部分和下半部分不对称等。

B. 边缘不规则：皮肤良性痣的边缘整齐，而黑色素瘤的边缘常常模糊不清，不规整犹如海岸线。

C. 颜色改变：良性痣的颜色均一，而黑色素瘤的颜色常常深浅不一，甚至可能出现蓝、灰、白、红等色。

D. 直径：色素斑直径大于 6 mm 或色素斑明显长大，直径大于 1 cm 的色素痣最好做活检评估。

E. 隆起：皮损隆起、进展（上述 ABCD 不断发展）。

ABCDE 法则可以用来判断痣有没有异常的迹象，但这个方法很大程度上是基于前后的比较。我们要注意一点：如果你没有真正做到前后的比较，所谓"感觉到有变化"，可能仅仅是感觉，而不是真的发生了变化。似乎很有道理，是不是？毕竟，会平时给自己身上的每个痣拍个照片留档，过个几个月再拍张照片做比较的人极少。

所以，来门诊看病时说"医生，我的痣好像变大了"的大多不是事实。但是，如何保证这颗痣肯定没有变大呢？答案是，我做不到。

对痣恶变的恐惧，其实影响了很多人。如果这颗痣看上去就是奇形怪状，老是有感觉异常，或者长在摩擦部位，我会主动建议切除 + 病理检查。但如果看上去颜色均匀、形状规则，我会建议继续观察，再做决定。虽然皮肤科医生的眼睛很毒辣，但毕竟不是显微镜，所以靠肉眼来判断痣有没有恶变，绝大多数情况下是做不到的。

不过，如果平时很安静、很规整的痣，短期内发生了如下变化，你就要特别注意了：

痣变大了。

颜色改变了（加深或不均匀）。

形状改变了。

边缘模糊不清。

在痣的周围发现了一些小黑点。

平的痣隆起了。

经常有痛痒感。

痣自己发生破溃或出血。

痣附近的淋巴结肿大了，而且是无痛性的。

还有一种情况下，痣虽然看上去没啥大毛病，也不是长在手足等摩擦部位，但我还是强烈建议把它切掉。那是什么情况呢？

当"这颗痣有没有问题？"成了你每天生活思考的重心，已经替代你的梦中情人，成为你茶饭不思的理由，并直接影响了你的工作、学习或者睡眠。那你留它干么事啊？一直这样担心下去，不如一了百了。如果一个本身不是很大的病，其实就是良性的，但它影响了你的心理，那这个就不是小毛病了，它"升华"了！精神上的负担带来的危害，可能会远远超出疾病本身。大家别不信，临床上这样的情况太多了。

痣也好，痘痘也好，脱发也好，银屑病也好，都是如此。**我们要重视疾病对心理的影响，**即使是很多人眼中小小的"皮肤病"。重视了以后，当你遇到这种情况，会比较容易做出选择。

切痣也要看时机

可以这么说，每个人身上都有黑痣。如果痣是长了很多年、很稳定而没有变化的，可切可不切。实在要切，那就择期手术，不用急的。

酷暑时节，我不建议切，出汗、闷热潮湿，伤口容易感染。另外术后有一段时间伤口是不能接触水的，洗澡会非常麻烦。所以，小手术可以放到秋冬季再做。

有些朋友反映最近一段时间好好的皮肤上面一下冒出来很多的黑痣，

这个在临床上不少见。其实很多痣不是娘胎里带出来的，而是后来出现的。如果这些新冒出来的痣，界限清楚，颜色比较均一，形状比较规则，可以观察它们的变化。一般慢慢长到一定大小就不长了。实在不放心的，可以手术切一个较大的做病理检查，这也是择期手术。当然，如果这些痣长得比较奇怪，那就尽早切了做检查，不要管气温高不高了。

对于摩擦部位的痣，比如手掌、足部、腰部、腋下、腹股沟，尽早预约切除。摩擦部位的痣比其他部位更容易发生恶变，不要等痣明显发生变化了再切除。

对平时很安静的痣，短期内发生了变化，比如痣变大了，颜色改变了，形状改变了，边缘模糊不清，在靠近痣的周围发现了一些小黑点，平的痣隆起了，经常有痛痒感，或者痣自己发生破溃或出血。那就不要犹豫，第一时间手术切除送病理，越快越好！有条件的话，如果医生有皮肤镜，可以帮助鉴别一下良性恶性。

很多朋友会问，这颗痣现在是好的，现在不切，万一以后恶变怎么办？这个问题对我们医生来说，是没法给出准确答案的。好好的皮肤都可以突然出现一个皮肤癌，身上的痣以后会不会恶变，谁能预料？

一些患者朋友有"痣恐惧症"，会要求把身上所有的痣都切除掉，对此我只能表示：悉听尊便。没关系，切就切喽，多花点儿钱呗。

顺便提一下"瘢痕"，这个是切痣必须面对的问题。面部的皮肤修复能力强，美容手术把痣切除后，痕迹会慢慢修复，效果是很好的。颈部、胸部、肩部、手足等部位的痣切除后容易留下较明显的痕迹，但最终的效果肯定比原来的痣要好看，当然了，瘢痕体质的朋友除外。

点痣后复发了怎么办

经常碰到一些患者，以前用各种方法点过痣，过了一段时间在原来的部位复发了，然后跑来门诊问我该怎么办。

一位小朋友，妈妈几年前在美容院帮她用药水点脸上的痣，就是用那种有腐蚀性的药水。痣消失了几年，最近看到复发了，痣又冒出来了，而且比原来的范围还大。妈妈很担心，来门诊问我的建议。

一个外地患者，若干年前用激光点脸上的痣，当时看不出来了。但过了两年复发了，然后再去激光点痣，又消失了。去年又复发了，长得还比以前大，于是来咨询我该怎么办。

其实这样的例子真的不少，点痣复发的情况非常多，复发者之前采用的祛痣方法主要是激光或药水点痣，部分是冷冻点痣。理论上冷冻点痣的效果应该偏弱一些，因为冷冻治疗的深度会差一些。但也有些朋友冷冻点那种平的痣成功了，再也没复发，我只能说这些朋友运气真的不错。但用冷冻点半球形的痣，那是肯定点不掉的，基本是有百害而无一利。

为什么大多数朋友不愿意用手术切痣，而是选用其他方法？大多数是害怕手术后留疤。其实面部手术切痣，真的不用太担心瘢痕的问题，而且手术切除彻底，极少出现复发的情况。

说回到上面的病例，点痣后复发了，甚至还比以前大了，怎么办？继续激光点？继续药水点？这么想的朋友，具有百折不挠的精神，在哪儿跌倒从哪儿爬起来！必须点赞。但这样的做法并不聪明。

激光烧灼或者药水腐蚀后，在治疗部位会有凹陷，然后皮肤慢慢修复，变得相对平整。愈合后看上去痣肯定是没有了。但是如果在愈合的伤口底部有残留的痣细胞，那就是野火烧不尽，肯定会春风吹又生了。以后很可能在同一部位重新浮现黑点或者黑斑。而这些残留的痣细胞遭受了激光或药水的打击和刺激而幸存下来后，可能会发生一些变化，脾气会变得不好。被暴力镇压过的它们可能不会像以前那么温顺，而是变得粗暴而不稳定。然后就会出现一些情况，如点过痣以后复发，范围甚至比以前还大；甚至有点以后复发直接变成皮肤癌的……

这个时候你还想通过同样的手段两次点痣？你确定还想重蹈覆辙？

当然，如果你第二次点得够深，够宽，还是有可能去除干净的，但代价是瘢痕在所难免。所以，点痣两次甚至三次复发了，真的别犹豫了，找技术高的医生用美容手术的方式帮你把复发的痣切得干干净净，缝得漂漂亮亮，然后等线状的痕迹慢慢消退。

就这么简单？是的，就这么简单！

痣上有毛容易恶变吗

经常有患者朋友在门诊咨询，其实是纠结，纠结如果痣上面有毛，好还是不好，是不是很容易恶变？这个时候我会指着自己的脖子，对他（她）说："喏，我这颗痣上面也有根毛，反正我不紧张。"

痣上面长毛，其实是很常见的。一种就是我们平时说的痣（黑素细胞痣、色素痣），绿豆或黄豆大小，上面有一根或几根毛发；如果是直径可大于 20 cm 的巨大型先天性黑素细胞痣，表面粗黑毛发比较多，又叫兽皮痣，发生恶性黑素瘤的概率明显高于其他类型的黑素细胞痣，所以治疗上可以主动一些。还有一种情况叫 Becker 痣，又叫色素性毛表皮痣，好发于青少年单侧的肩部、背部和前胸，褐色斑片发生数年后出现多数粗毛，这种比较稳定。

那么，最常见的小的色素痣上面有毛，这样的痣是不是很容易恶变？长毛的痣一般都是凸出来的皮内痣。凸出来的痣，它的痣细胞在皮肤里面比较深。痣细胞深的话，发生恶变的可能性比较小，因为很少被外界的各种因素刺激到。而外观平的痣（交界痣）的痣细胞比较浅，且具有增生活跃的特性，总体比皮内痣风险要高。

这下你明白了吧？明白了但还是不放心？实在不放心就来切痣吧！

面部斑点

6.

红血丝，我该如何消灭你

"红血丝"是皮肤毛细血管扩张的表现。红血丝的成因很多，比如脸上的毛囊虫（蠕形螨）感染可以诱发，护肤品使用不当破坏皮肤屏障可以引起，包括长期外用糖皮质激素、长期受阳光紫外线辐射但没有任何防护措施等很多因素都可以造成红血丝。这个病的主要问题是影响美观，影响了美观，那就不是小问题。

治疗一种皮肤疾病，如果能找到这个疾病发生的原因或者诱因，那自然是极好的。红血丝的治疗同样如此。就像上面提到的那些可能的成因，只要我们积极主动治疗、科学护理皮肤、避免不利因素，最起码可以让红血丝不再明显加重。比如，护肤品要使用成分简单安全的，可以使用一些低敏的医用护肤品或者药妆；日常做好防晒、保湿工作，健康饮食，规律生活，保证充足的睡眠。

对已经存在的红血丝，该如何治疗？

如果红血丝非常细小，可以尝试通过强脉冲光来改善。如果是非常明显的红血丝，激光治疗技术已经比较成熟，而且效果比较明确，应首选 585 nm 或 595 nm 的脉冲染料激光，或者是双波长染料激光。治疗一次，效果就会很明显。

不过，如果有人跟你说，有一种护肤品或者药物能帮你彻底消除红血丝，那我建议你立刻拨打报警电话抓骗子。

强哥答疑

1. 长脂肪粒和眼霜有关系吗？

眼霜不会导致长脂肪粒。另外，有些眼霜声称可以祛除脂肪粒，这个就更离谱了！可千万别当真。

2. 我们家遗传的雀斑，能治好吗？

当一个皮肤疾病明确地说是和基因有关，那很多时候，我们就可以理解为，这个疾病很难根治。显然，雀斑就是这一类皮肤疾病。

目前雀斑的有效（不是根治）治疗方式主要是强脉冲光或者激光（多种类型选择），另外液氮冷冻、外用氢醌、果酸换肤也可以改善雀斑状况，但会复发。如果你想获得长期的雀斑改善，那你每年都需要往医院跑几趟。

接近你肤色的遮盖霜也是"治疗"雀斑的一种选择，适合想治疗但又不想往医院跑的朋友。

3. 黄褐斑真的是太丑了，有办法除掉吗？

国际上公认最有效的黄褐斑治疗方式，还是口服氨甲环酸（传明酸）。但是临床使用口服氨甲环酸治疗黄褐斑，必须医患之间提前做好充分沟通。目前治疗黄褐斑还是联合治疗比较多，比如口服联合外用，或者口服联合光电治疗。

4. 听说"点痣"很危险，会变成皮肤癌，是真的吗？

我需要强调一下，痣和黑素瘤之间只有一步之遥。虽然概率不高，但是一旦发生了，就很可怕了。所以"点痣"一定要

面部斑点

到正规医院选择安全的方式。

5. 我脸上红血丝很严重，照镜子都会忍不住哭出来，我该怎么办？

　　不用担心，红血丝是可以改善的。如果红血丝非常细小，可以尝试强脉冲光来改善。如果是非常明显的红血丝，激光治疗技术已经比较成熟，而且效果比较明确，应首选 585 nm 或 595 nm 的脉冲染料激光，或者是双波长染料激光。治疗一次效果就会很明显。

Chapter 10

医疗手段帮你解决
棘手皮肤问题

光子嫩肤——还你婴儿般的肌肤

娇嫩的肌肤是婴儿的特征，吹弹可破是最恰当的形容。若形容二八佳人的皮肤吹弹可破，那真是很大的褒奖。但当人们步入中年以后，就要注意千万不要再拿这个词开玩笑了。因为皮肤的自然衰老，还有阳光尤其是紫外线长期辐射带来的伤害，会使皮肤不再光滑和白嫩，失去光泽和弹性，松弛并出现皱纹，肤色也会变得灰暗，还会出现色斑。

所以，强哥在此要说一说光子嫩肤。光是一把双刃剑，长期的日光辐射会对皮肤造成伤害，但聪明的人类又通过对光的合理利用，实现了光对皮肤美观问题的治疗。我认为，光子嫩肤就是"托科技进步的福，实现了光的自我救赎"。

上面提到，导致我们暴露部位皮肤老化的凶手，主要是日光紫外线（波长小于 400 nm）。而光子嫩肤通过强脉冲光（波长 500 nm~1 200 nm）这个武器，利用不同的滤光片，控制不同的治疗波段，从而弥补了紫外线犯下的各种恶。当然强脉冲光不仅仅局限于治疗皮肤老化，它对血管性病变和其他色素性病变都有治疗作用，还可以用于脱毛等。

强脉冲光有什么副作用

在门诊，总有很多患者害怕光子嫩肤会伤害到皮肤而不敢做。问她听谁说的？一般都是说"听朋友讲的"或者"网上看到的"。

光子嫩肤所用的强脉冲光，是一种"非剥脱性"技术。什么意思呢？简单说，就是治疗以后不会出现皮肤的剥脱和出血。刚治疗结束局部会有暂时的疼痛，会出现轻度红肿，这是正常反应。但红肿大多会在一周之内消退，局部可能会有很浅的结痂，也会逐渐自行脱落。当然了，如果治疗用的设备质量比较差，操作的医生水平不咋样，治疗剂量设高了，那就是另外一回事儿了。因为强脉冲光是非创伤性治疗，不影响第二天上班。疼痛轻，不需要局部麻醉，治疗后局部会发红、有灼热感，冷敷15~20 分钟可以减轻不适感。并发症主要可能有色素沉着，所以治疗后不论季节、天气如何，都要做好防晒工作。

强脉冲光的治疗间隔是多久

一般每月一次，治疗根据具体病情不同，疗程也不同，通常至少需要 2~3 次。

强脉冲光治疗有哪些注意事项

女性朋友如果在妊娠期就不要折腾了。

有光敏感史或者正在口服光敏感药物或食物的朋友也免了。

虽然是非创伤性治疗，但瘢痕体质的朋友也要慎重。

平时容易出现炎症后色素沉着的朋友，一定要把你的情况告知你的主治医师！

强脉冲光的疗效跟光子设备的质量以及治疗人员的操作水平有关。我觉得，还是去正规医院治疗会更好一些。光子嫩肤作为一项非常成熟的美容技术，已经在国际上开展了很多年。它利用不同波长的强脉冲光解决各种不同的皮肤美观问题，疗效已得到皮肤美容学界的一致认可，而且光子技术还在不断进步，期待它能在今后发挥更大的"美肤"作用。

医疗美容

果酸换肤，你必须知道的事

目前，果酸类护肤品以及在医院进行的果酸换肤技术已经逐渐普及了。我个人更喜欢用"焕肤"，这样可以充分体现治疗的效果，但很多人可能还是不太了解"果酸"究竟是什么。

果酸是从水果中提取的各种有机酸，它是存在于多种天然水果中的有效成分，包含葡萄酸、苹果酸、柑橘酸等。因大多从水果中提炼出，故称果酸。果酸的使用，可不是简简单单把柠檬、苹果甚至甘蔗削成片贴脸上就行的，浓度不对就没啥用，浓度过高反而伤害皮肤。

常见的果酸有 AHA 和 BHA。我们通常说的"果酸"，主要是指AHA。BHA 其实就是水杨酸，有些祛痘产品里面含有 BHA，就是利用了水杨酸脂溶性的特点及其杀菌和剥脱作用。"果酸"真心是好东西，用得恰当可以达到"美容"甚至"治疗某些皮肤病"的效果，但是不合适的使用，反而会出现很多的不良反应，增加患者的烦恼。

AHA 果酸的作用有哪些呢

（1）低浓度（<10%）：改善肤质，包括去除皮肤角质，使皮肤细腻，还能改善肤色暗沉，缩小毛孔，对黑头有效。

（2）中浓度（10%~30%）：主要是针对痘痘，也可以淡化色斑、改善细纹，长期使用对表浅痘坑有效。

（3）高浓度（>30%）：这个对皮肤的作用很强，可以除皱换肤。

使用果酸换肤，需要注意什么

首先，高浓度果酸的使用，必须由专业医院的专业医生操作。自己在家瞎搞搞，"毁容"的可能性很大。

其次，低、中浓度的果酸类护肤品，浓度不同，就像我上面讲的，功效也不同。第一次使用果酸类护肤品，可以先在晚上小范围试用，如果 24~48 小时没有不适反应，可以增加到早晚使用。另外要加强防晒和保湿，以减少不良反应的出现。对浅表痘坑的治疗，可以点涂。

最后，对低浓度果酸耐受良好，使用一段时间疗效不够满意，可以增加果酸浓度。

3.

神奇的无针水光

无针水光主要是相对于水光针而言。水光针是知名度比较高的美容项目，运用水光枪将一些美容性质的药物，通过细小的微针注射到我们皮肤表皮下面的真皮，因为有一定的痛感，所以有些朋友会需要用到局部麻醉剂。而无针水光主要是利用无针注射仪，通过高压气流把注射仪中的液体成分透皮注入皮肤内部。因为疼痛不明显，所以不需要麻醉。并且没有直接用针头注射皮肤，所以也不会对皮肤造成创伤，操作后不会出现红肿、结痂等局部不适反应，自然就不影响工作和社交活动。

无针水光可以做哪些美容项目？这取决于注射仪中无菌液体的有效成分。选择不同的配方可以达到不同的治疗目的，比如保湿补水、美白祛斑、除皱、收缩毛孔等。但都不是一次就能搞定的事情，需要多次治疗。此外，我必须要提醒大家一点：美容项目的效果都不是一劳永逸的。你通过多次治疗达到了你期望的效果，但是我们皮肤老化的进程是不可逆转的，所以很多时候，需要不定期地多次治疗来维持效果，无针水光是如此，其他很多美容项目包括光电治疗也是如此。

无针水光治疗后无需特别防晒，比较省事。正规医院的无针水光设备都是专业级的，看上去块头也比较大。

网络上有一些"笔"的无针水光，有"李逵"也有"李鬼"，效果呢，肯定要比专业级的差一些。

皮秒激光，到底好不好

皮秒激光（简称"皮秒"）非常火！为什么这么火？首先我们要了解一下它。皮秒是一台非常昂贵的激光美容设备，价格数百万元。如果某品牌皮秒只要几十万元一台，那可能就是"不正宗"的。

"皮秒"的意思就是很快，快如闪电。有多快？一皮秒等于一万亿分之一秒。在这么短的时间内，皮秒就完成了精准打击任务。这么快带来了什么好处呢？能量在这么短的时间内释放出来，拿祛斑来说，就可以将黑色素颗粒击碎得更细小更彻底，也更容易被我们的皮肤代谢掉。"天下武功，唯快不破"，其实也是这个道理。功夫之王李小龙的寸拳威力如此之大，一直是武术界的不解谜团，但其中一个重要因素就是出拳速度之快，非同辈所能及。另外时间越短，能量控制越精准，对打击点周围皮肤的损伤也就越小。这就是我们常说的"热损伤小"，安全性更高。

普通的光电治疗，主要是"选择性光热作用"，我们还是拿祛斑来举例，皮肤黑色素颗粒吸收了光，产生了光热效应，然后自己慢慢分解，最后被皮肤代谢掉。而皮秒就像一个大锤子，哐铛一下把黑色素颗粒砸个粉碎，这样代谢更快。

所以皮秒其实是一种先进的激光技术，它的治疗范围也跟它释放的激光波长有关，不同波长的美肤作用也不同，可以用来祛斑，也可以用来嫩肤。

当然，优点突出的皮秒，缺点也有，就是治疗费用有点儿高！治疗费用高是因为机器成本高。所以，如果是你，你会选择皮秒吗？

激光——最有效的脱毛方式

茂密的毛发，可以让人很有魅力，但也有时让人非常苦恼。尤其是女性，如果四肢的汗毛比较重，或者唇毛、腋毛比较旺盛，都是件很烦恼的事情。当然了，大家不要以为只有女性有脱毛的需求，其实男性也有嫌自己的络腮胡不好看，或者腿毛太长不好看的。

门诊遇到很多患者有脱毛的需求，尤其是夏季快来临的时候。为了能在夏天穿好看的裙子或者无袖的衣服，都希望一劳永逸地干掉腿毛、腋毛等。

脱毛是个大市场。市面上各种牌子的脱毛膏，都是治标不治本，只是把毛溶解掉，但是根（毛囊）还在，所以还是会再长出来，而且脱毛膏含有化学物质，长期用会刺激到皮肤，不利于皮肤健康，还很容易引发过敏。

现在大家主要采用强脉冲光或者激光进行脱毛，这种方法有效是因为直接作用于毛囊，主要作用原理都是选择性光热作用。很多人担心治疗过程会伤害皮肤，其实这种担忧大可不必，只要是正规的医生、规范的操作，就不会对皮肤有直接损伤。当然了，治疗后局部会有轻微的反应是很正常的，可能会有轻微的红肿和灼热感，也不用紧张，治疗结束立即给予冷敷即可明显缓解，数天内就都会消失。

但要强调一点，因为这两种治疗方式都对生长期的毛囊破坏作用最强，但同一个皮肤部位的众多毛囊不一定都在生长期，也有小部分在退行期或者休止期。而退行期和休止期的毛囊对强脉冲光和激光治疗都不敏感。所以不能指望脱毛治疗一次搞定，往往需要多次治疗。因为退行期和休止期的毛囊，会在两三个月以后又重新进入生长期。根据不同的部位，脱毛所需次数不同，一般要 3 次以上，脱唇毛所需次数更多。脱毛间隔也根据部位不同而不同，一般 1~2 个月做一次。

当然脱毛做不到百分之百的脱落，总有些毛囊对治疗不敏感。但是，如果 80% 以上的毛发能脱落，临床效果已经很好了，肯定会让你满意！因为强脉冲光和激光主要作用于毛囊里的黑色素，所以白色的毛发是脱不掉的。另外肤色较黑的人最好也不要做，因为光不仅作用于毛囊，还可能会影响皮肤的色素而引起色素沉着。

医疗美容

文身，相见容易别离难

我在门诊曾遇到一位父亲带着他的儿子——一个小伙子（其实18岁还不到），来门诊看病。看的是什么病呢？想消除文身。原来小伙子谈恋爱了，情到浓时一冲动，在前臂文上了爱的宣言。没几天被家长发现了，气得不行，赶紧把儿子带到门诊来看，希望医生帮忙把这个文身去除掉。

其实因为想消除文身来就诊的人不少，有准备报名服兵役，急急忙忙来治疗的；有文身了又后悔的；有爱得火热时文的身，热情消退了过来想消除的；还有就是自己乐意，但家长不乐意，被强行带来治疗的。

文身常见的是运用针刺的方法将不同颜色染料刺入皮肤，使之形成永久性的图案和花纹。其实女性朋友特别常见的文唇、文眉都属于文身。文身的治疗技术目前也已经非常成熟，主要分为激光治疗和外科手术治疗。

激光治疗文身，疗效可靠，但耗时很久，需要四五个月做一次，并且要做很多次，慢慢吸收好转。具体疗效和文身的颜色有一定关系，红色的相对难消一些，而黑色、青色文身对激光治疗的反应则比较好。

手术治疗适合应用于那种范围和面积很小的文身，可以直接去皮肤外科或整形外科手术切除，是否需要植皮就看具体情况了。文章开头提到的那个小伙子的文身，是长线条的图案，虽然用的黑色染料不多，但占的面积大啊，不适合手术治疗。所以，虽然家长很急，但也只能慢慢来。

还好，小伙子年纪轻，时间等得起，就慢慢做激光吧。

我奉劝大家，尤其是女性朋友们，喜欢文眉、文唇线的，要心里有个谱，文之前一定要三思，三思，再三思，这些染料一旦进入你的皮肤了，想再拿出来或消除掉可不是一件容易的事。

而且，话说回来，你也不知道那些文身店的文身工具消毒怎么样，万一消毒不干净，传播一些细菌、病毒啥的，那可就麻烦大了。有些人对文身的染料过敏了，取不出来，结果就是长时间的局部红斑瘙痒，甚至出现异物肉芽肿的，非常影响生活质量。还有些人文身后局部出现明显的瘢痕……这些情况都不少见。所以，文身一定要三思而后行啊！

家用点阵激光仪和美容仪

点阵激光，是比较先进和高级的光电治疗设备。它对皮肤皱纹、松弛等老化表现以及瘢痕、色素性皮肤病等都有不错的疗效。

点阵激光又分为剥脱性和非剥脱性。简单一点区分就是，前者效果强，但刚治疗结束后一段时间内脸上会有明显的"痕迹"，可能会对工作、生活造成一些影响；后者治疗后不留痕迹，不影响上班，但治疗效果弱一些。非剥脱性点阵激光一般一个月做一次，做三次的效果大概等同于剥脱性点阵激光一次的效果。

前面介绍的，是医用的专业级点阵激光设备，价格非常高昂，基本在正规的医院才有。不过，现在也流行起了"家用型"点阵激光，这又是什么"神器"呢？我们也来了解一下。

什么家用点阵激光仪值得买

在我心目中理想的"家用点阵激光仪"应该是满足以下条件的：

第一，体积应该很小，比较便携。因为美容是随时随地需要的，必须轻便。

第二，应该是操作简便且非常安全的，因为操作者是消费者自己，而不是专业的医生。

第三，应该是非剥脱性的。无法想象一个家用的美容设备每使用完一次后脸上都会红肿结痂，然后去医院开病假条的情况。我想，即使消费者自己也不敢操作有剥脱效果的点阵激光。

第四，理想化的家用点阵激光仪，就像如意金箍棒，既是定海神针，又是能放入耳朵的绣花针。麻雀虽小，五脏俱全。虽然缩成了绣花针，但仍然是一万三千五百斤，威力依然巨大。

但是我必须诚实地告诉你，同时满足以上四点是不可能的。如果家用型点阵激光仪的价格是专业型的千分之一，但是功能一样强大，这可能吗？答案是，当然不可能！

在激光能量与治疗效果还有风险成正比的情况下，家用点阵激光仪的治疗能量应该是不大的。于是，为了达到治疗效果，需要的治疗间隔应该是很短的，治疗次数也应该是非常多的。所以，我们又需要家用点阵激光仪满足第五个条件：可以短时间内多次使用。

带着上述的想法，我查阅了市售的一些知名家用点阵激光仪的资料，当然了，这些都是国外牌子，而且这些品牌获得了当地的官方认证（比如欧盟或者美国的行业认证），足以证明它们是合格的产品。它们也的确都是小巧便携且美观的。我看了一下使用说明，都是需要每周使用多次，的确是非专业级的风格。推荐使用的周期（所谓疗程）从一个月到三个月不等。

看来，这些家用点阵激光仪似乎是可以尝试的东西，价格数千元不等，的确比专业型设备便宜好几个等级。至于效果，说实话，我并没有查到拥有大样本治疗效果的数据。在我们医学领域，有很多权威的数据库，有很多高质量的研究论文。比如想了解关于这一种专业的点阵激光设备治疗某一种皮肤疾病的疗效如何，我们可以非常轻松地找到相关资料。但家用点阵激光仪的大样本人群治疗效果，说实话，我没有找到我想要的资料。

医疗美容

综上，目前这些获得了官方认证的国外牌子的家用点阵激光仪，应该是可以尝试的。至于性价比，几千块的价格用个几年，划不划算每个人都有自己的标准。使用效果的话，根据产品的介绍，理论上讲应该是有一定效果的。至于效果有多大，只能靠自己体验了。

说完家用点阵激光仪，我们再聊一聊市场上非常火爆的美容仪。

什么家用美容仪值得买

最初，我对于家用美容仪的态度和对待家用点阵激光仪是同样的——内心有点儿拒绝！原因有二：

第一，和点阵激光一样，效果最好的美容仪器，肯定是价值几十万元乃至几百万元的专业设备，一般都只能在大型医院或者正规美容医院用到。就像正宗阳澄湖大闸蟹，大品牌，有口皆碑，好吃！

第二，民用的手持式小型美容仪，价格从数百元到数千元，谁都买得起。但是品牌众多，鱼龙混杂，质量良莠不齐。水比较浑！就像其他湖河里的螃蟹，有干净好吃的，也有不好吃甚至有毒的，很容易上当倒霉。

为什么美容仪这么火爆？因为民用美容仪虽然效果虽不如专业设备，但是也有它的优点，价格可以承受且使用方便。如果作用机理是靠谱的，长期使用能起到美容作用，为什么要排斥它呢？

目前市售的美容仪，先不讲品牌，根据工作机理不同有很多种类，比如射频美容仪和微电流美容仪。我主要想跟大家聊聊射频技术改善皮肤的美容仪。至于微电流美容仪我不想多说什么，因为我完全不能理解，那么一点点微电流能对我们的皮肤起多大的积极美容作用？你们能理解吗？

"射频"可以加热皮肤真皮层，但使表皮保持正常温度，治疗的时候需要在皮肤表面涂抹冷凝胶。最终的效果是使真皮胶原重塑再生，达到改善皮肤松弛和祛皱的目的。改善皮肤松弛和祛皱？光这两个效果就已经可以使广大女性朋友为之疯狂了！所以为什么美容仪这么火爆，还需要解释吗？不需要！

那么什么牌子的射频美容仪才靠谱？这个很多人想知道，我提醒大家以下几点：

第一，基于对民用美容仪市场的一知半解，我个人建议大家尽量购买国际品牌，因为这块领域产品的开发，老实说，目前还是国外牌子的技术更成熟一些。

第二，什么牌子好？理论上越大牌公司的产品可信度越高一些。

第三，大家对射频类美容仪的效果的期望值不要过分高。因为即使是专业的、价格昂贵的医用射频美容设备，也不是百分之百就有效。所以你花几千大洋买个美容仪，用上两三个月，如果效果很赞，那恭喜你更美了；如果效果不明显，也请保持平常心，不要生气。

医疗美容

强哥答疑

快速帮你了解各种医美手段

光子嫩肤——治疗皮肤老化，对血管性病变和其他色素性病变都有治疗作用，还可以用于脱毛等。

果酸换肤——细腻肌肤，缩小毛孔，改善色沉，祛痘淡斑，除皱焕肤。

无针水光——选择不同的配方可以达到不同的治疗目的，如保湿补水、美白祛斑、除皱、收缩毛孔等。但效果维持时间有限，需要多次治疗。

皮秒激光——可以用来祛斑，也可以用来嫩肤，就是治疗费用有点儿高！

激光脱毛——目前最有效的脱毛手段之一。

家用点阵激光仪/美容仪——理论上讲应该是有一定效果的，至于效果有多大，只能靠自己体验了。

Chapter 11

令人谈之色变的
毛发问题

1.

令人担惊受怕的"鬼剃头"

经常在门诊遇到患者，很惊恐地告诉我他的头发掉了一块，然后就反复问我，他的头发会不会掉光。对这种头发突然掉了一块的情况，民间有个俗称叫"鬼剃头"，是不是听上去有点儿吓人？不过，你听完我下面的解释，应该就不会那么惧怕了。

这种皮肤问题，绝大多数情况，就是"斑秃"。

斑秃的表现是头皮上一块或者多块头发没有了，大多呈圆形的。这种情况通常是在理发店理发发现，或者家人无意中发现，自己看不到，所以根本无法判断自己到底是什么时候开始掉的。

为什么会斑秃

追根溯源的话，这个病其实跟人体免疫系统异常有关，我会建议患者检查甲状腺抗体和自身抗体。这个病并不像同样和免疫系统有关的"红斑狼疮"那么可怕。它的发病也和神经精神因素有关，比如精神紧张、焦虑、抑郁等都可能会造成斑秃，小部分患者的情况是和遗传有关。

斑秃大多发生在头皮部位，脱发区的皮肤外观看上去是好的，和旁边的头皮没什么区别。进展期的话，轻轻牵拉脱发区边缘的头发，就会一拉即掉。如果最后头发全部掉光，就成了全秃。还有更严重的，头发、眉毛和身体其他部位所有毛发都掉光，那就是普秃。后两者病因更复杂，治疗非常非常棘手，会严重影响患者的身心健康。

斑秃的治疗，我一般会一方面积极地帮患者寻找可能的病因，另一方面舒缓患者的情绪，给患者鼓劲儿，因为治疗中一定要有信心，越担心则越容易加重病情。绝大多数患者都可以治愈，所以不要害怕，虽然治疗至少需要半年以上的时间，但只要安下心来是会好起来的。当我们看到脱发区有小根头发冒出来了，脱发区边缘的头发轻拉也不掉了，就说明在痊愈过程中了。

如何治疗斑秃

斑秃常用的治疗方法包括外用米诺地尔。因为根据国内外研究发现，局部头皮往往存在免疫异常，可以在头皮脱发区每天外用糖皮质激素或者局部注射长效糖皮质激素（一般每月1次），效果不错。

民间有"偏方"，说用生姜片外擦脱发区头皮，效果很好。生姜内最主要的两类化学成分是挥发油和姜辣素。挥发油中的但萜烯组分使姜具有呈香性，从而具备了烹饪食用价值。姜辣素是姜的辣味成分，姜辣素中的姜酚是生姜的主要活性成分，而在多种姜酚类型中，6-姜酚含量最高，活性也最高。民间生姜治疗脱发的理论中，生姜外用促进局部血液循环更多依赖于姜辣素对局部皮肤的刺激作用。但现代医学已表明，姜辣素中含量最高、活性最强的6-姜酚不仅不能使毛囊打开，反而会促使毛乳头细胞凋亡，从而破坏毛囊。

国际学术期刊早就有文献明确指出，6-姜酚是一种毛发生长抑制剂，**它的作用是抑制毛发生长，具有潜在的脱毛价值！**长头发的毛乳头都不工作了，毛囊都被破坏了，血气再通畅，营养再充足，也长不出来头发啊！

但是，6-姜酚抑制毛发生长，也并不意味着我们就可以直接把生姜当作脱毛膏使用。在生姜的脱毛价值还没有被利用开发出正规的脱毛产

毛发问题

品时，有任何需要长头发或者脱毛的问题，请一定要到正规的医院咨询专业医生。

《本草纲目》的确记载了古时用于治疗脱发的中药——毛姜，能强肾补骨，可治发秃。民间也流传着一些有毛姜在内的治疗脱发的中药药方。现代人误把生姜当作毛姜，又加以商业化的夸大，才有了这样的"谣言"。当然，这并不是说，不用生姜而改用毛姜擦头皮就可以治疗脱发了，每种脱发原因不同，治疗方法也不同。

斑秃治疗还可以口服营养神经药物，比如维生素 B_1、维生素 B_{12}。比较严重的全秃或者普秃可以口服糖皮质激素或者肌内注射长效糖皮质激素。免疫抑制剂也是选择之一，但一定要在皮肤科医生指导下使用。中医中药有一些不错的方子或成药，可以配合使用。另外，在治疗期间，如果觉得脱发影响工作或者心情的，可以戴假发套。

2.

为何脱发的大多是男人

　　我上大学那会儿头发超茂盛，工作多年，前阵子去理发，理发师对我说："头顶的头发就不打薄了。"我问为什么，他说："头发不多，不需要……"昔日的青葱少年，现在也遭遇了脱发危机，虽然没有出现明显的额头发际线后移，但是头顶部位的头发还是明显比以前少了。

　　像我这种类型的脱发，在东方男性中很常见，叫雄激素性脱发，以前也叫脂溢性脱发。当然了，在西方男性中，这种脱发发病率就更高了。

脱发的原因是什么

　　顾名思义，出现雄激素性脱发的原因，主要和体内的雄激素有关。男女体内都有雄激素，所以男女都可以患病，因此这种脱发可分为男性型和女性型。女性的程度比较轻，一般不影响额头。这个病的发生和基因有关，所以经常会出现家族遗传的情况。额头和头顶的毛囊比较调皮，它们对雄激素的敏感性比较高，在雄激素的作用下，毛囊逐渐变小，毛干逐渐变细，最终彻底脱落，表现为头发稀疏、变薄。

脱发还有救吗

　　这个病一旦启动，如果不治疗肯定是越来越重，就像一辆失控下坡的汽车。目前国际上治疗雄激素性脱发的方案比较统一，如果是男性型，可口服非那雄胺（抗雄激素药物）+外用米诺地尔（扩血管药物），至少治疗半年以上才能见到较明显效果；如果是女性型，可外用米诺地尔，但不口服非那雄胺。治疗后不会再恶化，但也不可能再恢复到以前的最佳状态。就像下坡的汽车踩了刹车，就不会再继续下滑，但一旦停止治疗，松开刹车，车子还会继续下滑。另外还有一些报道称激光治疗雄激素性脱发，也具有一定疗效。

哪些男性患者可以口服非那雄胺？这必须去门诊详细咨询你的主治医师，必要时需要做一些专门的化验和检测才能确定。另外，男同胞比较关心口服抗雄激素药物的副作用问题。总体上说，用药还是比较安全的，只有很少一部分人用药后会性欲降低，但停药后就可以恢复。国外有很大样本的对照研究可以证明，口服非那雄胺和不服用非那雄胺相比，不良反应的发生率总体上差不多。所以，这个药物是比较安全的。总之，治疗前一定要当面详细咨询皮肤科医师。

另外，还有关于用药时间，就是疗程的问题。很多患者在门诊会问这个问题，问这个问题的患者大多是还没结婚的，或者还没找到工作的，怕形象问题对生活或工作产生影响。我是这么想的，等你结婚了或者说找到工作了，你依然可以为了形象继续治疗。但实际情况是，很多人治疗一段时间后，心态会发生一些变化，比如反正已经结婚了或者找到工作了，老婆也不在意你的头发问题，或者年龄到一定程度，自己已经不像以前那么在意头发了，那你想停就停吧。总之，这个何时停药的决定权，主要在患者自己手中。

为什么植发要从后脑勺取头发

还有些朋友，想让自己的头发恢复到青春年少时的完美状态。那么你只有两个选择：第一个选择是，去定做一个完美的假发套，这个比较经济；第二个选择是到医院植发，也就是将你后脑勺的部分毛囊种植到你的额顶部，不用担心，这也不会影响后脑勺的头发美观，总之效果是很好的，就是要多花点儿钱。

为什么植发的效果会比较好？我打个比方来解释一下吧。我们把额头和头顶的头皮比作土壤，现在土壤没有太大问题，但是那儿的毛囊，也就是种子，先天有问题，所以青春期后在雄激素的作用（攻击）下，头发容易脱落，尤其是男性。这个时候，我们把后脑勺的毛囊（好种子）取出来，种到头顶去。这样土壤本身没问题，种子也是好种子，再请个手巧的能手帮你种，结果当然是种子生根发芽了。

我们上次讲的斑秃就不一样了，斑秃主要是土壤出问题了，土壤里的作物活不了，都死了。这个时候，通过植发，把新种子播到那块有问题的土壤，你说种子能活、能长吗？

当然了，斑秃想要植发，也不是不行。但这个发不是"真"发，不是"活"发，而是人造的，种上去肯定也死不了，但也没有生长功能，始终就这么长。您想种吗？

3.

染发、烫发会造成可怕的后果吗

染发，在老中青三代人当中都非常的流行。当然，染发的原因也各有各的不同，有些人将白发染黑是为了显年轻；有些是为了时尚漂亮；有些是想以此彰显个性；还有些是想染白，让自己看上去老成一些……

染发会有哪些安全隐患

有些人担心染发的安全性问题，比如经常染发会不会致癌？也有人担心烫发的安全性问题。但目前没有充分的科学证据表明，染发、烫发和癌症之间存在直接的因果关系。当然，前提肯定是你用的染发剂和烫发水是合格正规的产品。

染发比较常见的副反应，就是对苯二胺引起的过敏。染发剂里面普遍存在对苯二胺，但是合格产品的对苯二胺浓度是在规定范围内的。不过，过敏这玩意儿跟浓度没有关系。如果你是对苯二胺过敏，再小的浓度都会让你过敏。

染发过敏表现很惨，头皮红、痒、淌黄水，脸上半部分会很肿。难受是一回事，关键是很难看。治疗也很烦，要想好得快，最好是把头发剃光。可是，没有哪一位爱美的女士愿意把一头秀发剃光。所以，治疗恢复过程会长一些。

如果你有染发剂过敏的情况，那以后就最好不要再染发了。长期"染发→过敏→染发→过敏"的恶性循环，会持续刺激头皮和面部皮肤，说不准哪天皮肤癌就真冒出来了。

染发过敏是如何产生的

染发过敏很常见，我工作十几年遇到过很多。但下面提到的这个染发染到"痛不欲生"而去了急诊室的情况，我还是头一回见。那是我在急诊会诊时遇到的一位患者，是一个年轻的姑娘。

我看到她时，她正抱着头弯腰坐在椅子上，痛到说不出话来。她的头发湿漉漉的，是绿色的。陪同在旁的是一个小伙子，我只能通过和他的对话来了解情况。

"她染发多久了？"

"也就一个小时。"

"深更半夜染发？你们是……"

"我们是美发店的员工。"

"什么时候开始头痛的？"

"染色后洗了个头，然后用电吹风吹，没一会儿，她就说头痛得受不了。"

"染发剂是你们店里的？以前顾客有这种情况吗？"

"这个染发剂不是店里的，是她自己带的。"

"好的，她从头痛开始到现在有呕吐吗？"

"没有。"

正聊着，看一旁的姑娘似乎症状稍有缓解，我检查了一下她的情况：头发基本染成绿色，颈部有一大片皮肤呈绿色，但头皮和面部没有明显红肿。

我问她："染发剂是买的还是别人送的？"

"是买的。"

"在哪儿买的？"

"……"

她没有说话，可能是因为疼痛或是其他原因。

好吧，信息就是上面这些，我们先来做一些诊断。

文章开头我说的那种最常见的染发过敏，我们诊断为"接触性皮炎"。因为有明确的接触史，有显著的皮肤症状。那这个姑娘染发后的头痛症状，我们可以诊断为"接触性皮炎"吗？的确有接触史，但是接触局部没有显著的皮肤症状。

那么，可能是染发引起的其他过敏表现吗？染发引起的接触性皮炎多为迟发型变态反应，当然也可以有刺激性的非变态反应性的因素。染发的确还有其他过敏表现，比如头皮吸收过敏原以后出现的速发型的一型变态反应，可以表现为全身荨麻疹或是局部血管性水肿，这个没有接触性皮炎那么常见。但是这个患者皮肤上没有异常表现，就是头痛。

所以，我们接下来要考虑的就是她自购的染发剂的安全性问题了。她的症状是在头发染色洗涤后，再用热电吹风吹干的时候出现的。大家知道，皮肤遇热血管会扩张，对附着在头皮上的各类小分子物质的吸收会增加。虽然正规的染发一般不让染发剂直接接触头皮，但是实际操作过程中难免会接触到。所以，我个人对这个绿色染发剂的成分安全性表示了高度的怀疑。这姑娘的情况，很可能是染发剂里的某种化学成分被头皮吸收后引起的"中毒"反应。当然还有一种可能，就是患者患有脑部疾患才引起了头痛，所以急诊也给予了相应的头颅检查。

我让小伙子保留染发剂，必要的时候可以送去做质量检验，看有没有质量问题。另外，我也叮嘱，如果病情始终不缓解，必要的时候就把头发剃光，即使剃光头对 99.9% 的女孩而言是非常可怕和不能接受的事情。

　　具体的病情处理我就不多说了。毕竟急诊患者病情有特殊性，每个患者的治疗处置都不同，没有科普的必要。

　　最后我要提醒大家，虽然染发是爱美人士的正常需求，但染发真的**要非常谨慎，染发使用的染发剂一定要从正规途径购买和合理使用，注意外包装的标识和生产批号，避免使用三无或假冒伪劣产品。**上面这个例子就是为了提醒大家，不合格的染发产品有多可怕。

　　其实我国药品监督管理局经常抽查染发剂的安全性，如果抽检到不合格产品，会在官网进行公布，喜欢染发的朋友可以经常关注。

染发、烫发对头发会有哪些伤害

　　我觉得不用多说什么。因为很简单，一两次染、烫发是没关系的，但是经常去做的话，肯定是会对已经长出来的头发的发质有影响的。当然，头发会经历"生长→停止生长→脱落→生长"这么一个自然的循环，如果毛囊是好的，以后长出来的头发还是好的。所以，喜欢染发或烫发的你，还是自己做出选择吧。

毛发问题

令人烦恼的"头皮屑"

头皮屑的问题，困扰了很多人，尤其是年轻人。

我读书的时候深受其害，那时正是青葱年少的岁月，留的是郭富城当年的发型，这么说可能有些朋友不知道，就是那种偏长一点的中分发型，好像当年刘德华也是这么个发型，在那个年代，流行！当时头皮屑多啊，轻轻用手指撩一下最前面的头发，就立刻飘起了细细的雪花。那时每天用普通洗发水洗头，洗完第二天继续"下雪"，心态都要崩了。

现在我知道了，这个叫头皮糠疹，表现为头皮屑比较多，但扒开头发看看，头皮还是比较正常的，是在青春期非常常见的一种病症。

如果要治疗头皮糠疹，大家可以使用酮康唑洗剂，请注意，不是复方酮康唑洗剂！复方酮康唑洗剂里面有糖皮质激素，不要随便或长期使用。如果是单纯的头皮屑多，酮康唑洗剂就行了。另外还有一个可选项是二硫化硒洗剂。这些洗剂比较安全，价格也不高。当然了，如果头皮屑不多，大家买超市那些普通洗发水就行了。

我现在不年轻了，"下雪"的场景几乎绝迹了，但有的时候会觉得头皮又油又痒，会有一些油油的头皮屑，头发也少了。这个是"脂溢性皮炎"。这个病和"头皮糠疹"不一样，头皮上是有炎症的，有时会起小丘疹（小疙瘩），还痒。脂溢性皮炎容易并发脂溢性脱发，就是雄激素性脱发。如果有脂溢性皮炎，首选解决方案是使用二硫化硒洗剂或者煤焦油洗剂，效果都不错。另外复方酮康唑洗剂也可以用，但是用的时间不要太长。

　　最后提醒大家两点：上面提到的这些洗头的药物类洗发水，都是2~3天洗一次，不用每天洗；头皮屑多，痒，甚至脱发，还可能是其他原因，比如头皮的真菌感染（头癣）、银屑病等。所以，治疗前建议先到医院来看一下专业的皮肤科医生，确诊了再说。

白头发好不好治

随着年龄的增长，我经常犯愁，白头发怎么越来越多了？和我一样，很多人都被白头发的问题困扰。为了共患难的朋友们，我决定针对这个问题来科普一下。

先天性白发和后天性白发

先天性白发和遗传因素有关，又分多种，大多表现为一出生就有白头发或者头发比别人白得早，俗称"少年白头"。

后天性白发原因比较复杂，常见的原因如经常过度疲劳、焦虑等，会使人出现少量白头发；还有遭受巨大精神打击的一夜白头，比如《白发魔女传》里的练霓裳（现实生活中也不少）；营养不良或患有一些慢性消耗性疾病、内分泌疾病等也会催生白发；另外就是我们正常生理性的老年性白发。

我们也要注意一些特殊情况，比如一部分头发突然白了，连带着下面的头皮也白了，这就不太常规了，要考虑下是不是患白癜风了！

病因不同，白头发的治疗方法也不同。先天性的白发很难治，因为基因决定了你的表现，很难逆转，所以治疗只有一招：染发（一定要选正规美发店，用正规染发剂）！后天性的白发，一定要去正规医院看，好好分析原因，大多是可以逆转的。实在没逆转成功又嫌不好看的，还是推荐染发!

另外,郑重提醒:如果有人动不动就给你说这是国外最新治疗白头发的技术,拍着胸脯保证能把你的头发由白变黑,这一般都是不靠谱、不正规的医院、医生、机构或广告!

民间偏方多。老百姓讲究以形补形,所以头发白了,很多人就会去吃黑芝麻或者何首乌,试图让头发变黑。我在想,这个时候咋没想到天天吃酱油让头发变黑呢?或者怎么不担心吃了黑芝麻,整个人都变黑呢?

酱油不会让皮肤变黑,是因为酱油的"黑"是焦糖色素,和皮肤、头发里的"黑色素"完全不同,两种色素不能相互转化,所以吃酱油让头发变黑是不现实的。黑芝麻的话,中医理论上讲是对身体好处多多,但每天量不要大,一勺差不多了,多了反而对身体不好,而且吃多了噎得慌,有同感的举手。

黑芝麻能不能让头发变黑呢

我看到的理论依据有一条:研究发现黑芝麻水提液能够促使酪氨酸酶表达,黑色素的合成量也就得以提高,白发因此又可以重新变得乌黑。如果光凭这个理论,我个人觉得用黑芝麻水提液外用头皮就行了,就别吃黑芝麻了。你说黑芝麻经消化道倒腾一下,和黑芝麻水提液一样的精华部分还存在吗?在血液循环再溜达一圈儿,然后再"精准"地跑到头发,还能达到"乌发"的神奇效果吗?不大可能,而且这些精华会不会都跑到皮肤里,让全身皮肤都变黑?想想真是好可怕!

但有一点是肯定的,先天性的和遗传有关的"少白头",吃黑芝麻肯定是没有用的;还有生理性的老年性白发,我觉得也算了。其他类型的白头发,倒还可以试试黑芝麻。

很期待有权威的研究结果告诉我们,这个黑芝麻治疗白头发的有效率到底有多高。

毛发问题

6.

心脏病竟然和白头发有关系

这个标题看上去有点儿吓人，但还真不是吓唬你。

欧洲心脏病学会在 2017 年的学术会议上公布了最新的研究成果：**成年男性白发的数量与心脏病风险增加有关**。分析出的原因是，白头发和冠心病具有一些相同的老化机制。是的，你没有看错，这里提到的是成年男性。所以，女同胞们可以暂时松口气了。

研究针对 545 名（这个数量还行，有一定说服力）怀疑有冠心病的成年男性进行，发现头皮上白发和黑发数量差不多，或者白发多于黑发，或者完全白发的朋友们，患冠心病的风险会显著升高。

研究者建议，高危患者（白头发比例超过全部头发 50% 的成年男性），如果还没有冠心病的症状，最好进行定期检查，并开始采取预防措施。研究者中肯地指出，心脏科医生很需要和皮肤科医生合作进行更深入的研究。另外，成年女性的白头发和心脏病的关系问题，也得研究一下。

总之，这个研究的核心思想是，成年男性，如果白头发比较多的，最好经常体检体检，排查一下有没有"冠状动脉粥样硬化"，这个动脉硬化可能会导致冠状动脉狭窄甚至阻塞，后果会非常严重，甚至要人命。

希望白头发多的朋友们从这篇文章能获得警示，防患于未然，总是最好的！

强哥答疑

1. 我年纪轻轻竟然斑秃了！怎么办？

斑秃常用的治疗方法可以外用米诺地尔。根据国内外研究发现，局部头皮往往存在免疫异常，可以在头皮脱发区每天外用糖皮质激素或者局部注射长效糖皮质激素（一般每月 1 次）。还可以口服营养神经药物，比如维生素 B_1、维生素 B_{12}。比较严重的全秃或者普秃可以口服糖皮质激素或者肌内注射长效糖皮质激素。免疫抑制剂也是选择之一，但一定要在皮肤科医生指导下使用。中医药中有一些不错的方子或成药，可以配合使用。

2. 染发烫发后我的头发发质变差了，这个情况还能改善吗？

一两次染、烫发是没关系的，但是经常去做的话，肯定是会对已经长出来的头发的发质有影响的。不过，头发会经历"生长→停止生长→脱落→生长"这么一个自然的循环，如果毛囊是好的，以后长出来的头发还是好的。

3. 我的头皮屑特别多，总被嘲笑靠头皮给大家演绎"六月飞雪"，怎样成功去屑呢？

这个叫头皮糠疹，表现为头皮屑比较多，如果要治疗头皮糠疹，大家可以使用酮康唑洗剂，请注意，不是复方酮康唑洗剂！复方酮康唑洗剂里面有糖皮质激素，不要随便或长期使用。如果是单纯的头皮屑多，酮康唑洗剂就行了。另外还有一个可选项是二硫化硒洗剂。

毛发问题

Chapter 12

关于洗洗刷刷的
那些事

1.

乳腺癌和沐浴露有关吗

　　网络上不少文章提到，如果使用含 Paraben 的沐浴露超过 10 年，可能诱发乳腺癌。我经常在科普文章中建议大家不要用含皂基的碱性香皂，而用偏中性的沐浴露比较好，不伤皮肤。这下好了，被打脸了，沐浴露居然有安全问题？我就纳闷了，这是真的吗？

　　Paraben，看上去挺简单，翻译过来叫对羟苯甲酸酯，拗口极了！这个化学成分据说有类雌激素样作用，并且有学者在一些乳腺癌肿瘤的标本中检出了这个成分，所以一些目的不明的人喊话了："Paraben 导致乳腺癌！不能碰！"

　　但我跟乳腺科和肿瘤科的医生们讨论后判断，上述结论不成立，目前没有任何实际证据可以表明 Paraben 和乳腺癌发生有关。

　　其实 Paraben 是一种在化妆品甚至食物中被广泛使用的防腐剂，安全性极高，全世界都批准 Paraben 可用于食品防腐，你说这个玩意儿安全不？至于沐浴露中含有 Paraben，真的没什么奇怪的。并且洗浴产品使用后，不会长时间在皮肤驻留，因为需要用水冲洗，所以又能有多少 Paraben 会被皮肤吸收，或被皮肤里的血管吸收？

　　所以，结果很明显，"Paraben 导致乳腺癌"就是一个谣言。

抗菌皂真的抗菌吗

网络上有一个真相被揭露，让很多人大吃一惊！美国食品药品监督管理局称，市场上一些声称含有抗菌成分（比如三氯生）的抗菌皂，其实与普通香皂相比并没有特别的杀菌效果，并且还存在对人体造成健康危害的可能性。而使用普通香皂或者仅用流水冲洗，其实对预防疾病以及防止疾病传染是最有效果的。

有一个说服力很强的理由：这些抗菌皂里的抗菌成分，必须等上 9 个小时才会发挥抗菌效果，而我们平时洗一次手要花多长时间？我们抹上抗菌皂，把手搓上几遍，然后 1 分钟左右用水把皂液冲掉。抗菌成分还没起作用呢，就进了下水道。

皮肤科学界一些知名教授也表示，三氯生是一种抗菌药物，原则上不应添加入香皂、洗衣剂中，长期接触抗菌产品的细菌，可能耐药性会发生变化，影响人体的抗药性或激素水平，造成健康风险！

在这里，我要告诉大家洗手的三要诀：一是要用流动的水，二是选用不伤手的洗手产品，三是洗手方法要正确——"内外夹攻大力丸"。

"内外夹攻大力丸"，看上去像是一个提升内力的丹药或是涮火锅的食材，但"内外夹攻大力丸"真的不是药也不是美食，它是目前最受推荐的科学洗手方法。

"内"是掌心对掌心，告诉我们每次洗手的时候要重点清洗手心。

身体清洁

"外"是掌心对掌背，内外交互重点洗手背。

"夹"是让十指交叉，经过反复相搓，把手指侧面也洗干净。

"攻"是五指并拢弯曲，与另一只手互相扣在一起，重点洗指头、指背、指腹。

"大"是掌心环绕大拇指，让我们的大拇指也得到必要的清洁。

"力"是把一只手的五指立起来，在另一只手的掌心处摩擦让指甲缝也洗干净。

"丸"是环绕手腕清洗，把最后一个步骤的手腕部也洗干净。

这个过程其实非常简单，每个步骤15秒以上，练习几次，想忘掉都难。让家里所有人都学会这个正确洗手方法，可以最大限度减少手部细菌和其他病原体的传播，益处多多。

3.

洗脸，你可能洗错了

我们面部皮肤的油脂是由皮肤里面的皮脂腺分泌的，而皮脂腺的活动主要是由体内雄激素控制的。对了，不要以为只有男性体内有雄激素，其实女性体内也有的，就像男性体内也有雌激素。雄激素和雌激素就像一个天平的两端，不同性别的人的这个天平倾斜的角度不一样，同一性别、不同的人的这个天平倾斜的角度也不一样。

清洁，关键要适度

对于脸上油多的情况，其实每天的洗脸如果掌握好方法，就可以很好地控制。很多人，尤其是年轻人会选用一些控油洗面奶或洗脸皂来洗脸，因为绝大多数人对油脂有偏见，见不得脸上油光光，觉得不好看，每天用洗面奶或者香皂洗很多次，这个就有点儿过了。

其实我们脸上所谓的"老油"，就是皮肤皮脂腺分泌的皮脂，它和我们脸上汗腺分泌的汗液以及角质形成细胞产生的脂质，是我们皮肤屏障的最外层结构——皮脂膜的重要组成部分。我之前也说过，人的皮肤要想健康，就是要让我们的皮肤屏障保持完整性，这样才能抵御外界各种不利因素对我们皮肤的伤害。

所以洗得太多太勤会使皮肤干燥，很容易造成清洁过度，把皮脂膜洗掉了，破坏皮肤的正常屏障，也容易继发微生物感染。而且脸洗得越勤，油脂分泌反而越旺。因为我们的皮肤皮脂腺会认为"皮肤缺油"而拼命地工作分泌油脂，久而久之，"用进废退"，皮脂腺体积会变大，"自然"产油量会变多，造成的结果就是出油更旺。所以洗脸次数和洁面产品的使用次数，我的建议都是每天一次即可。洗完以后，可以再用一些保湿产品。

有些朋友洗脸的时候喜欢使劲儿搓脸，想搓掉脸上的"死皮"。很多人把去死皮当作一个重要的日常工作来做。觉得死皮就是脏东西，应该彻底去除，皮肤才会健康美丽，其实这又是一个误区。死皮其实就是表皮最外面的角质层，是我们皮肤的正常结构之一。角质层的细胞已经死亡了，但脱落会有个正常过程，需要一定的时间。有时我们洗澡能搓不少明显的"灰"下来，其实就是皮肤的角质层。

我们再说回皮肤屏障，皮肤屏障的重要组成部分除了皮脂膜，还有角质层角蛋白。而角质层角蛋白是啥？没错，就是死皮的主要成分！过度去角质（去死皮），会导致角质层变得很薄，破坏皮肤屏障，使肌肤变得敏感，严重了还会出现红血丝。所以，使劲儿洗脸是清洁皮肤吗？NO！其实是破坏皮肤。

洁面产品怎么选

说到洁面产品，比如洗面奶有很多种，五花八门。我上大学那会儿正是青春无敌火气旺的年龄，每天脸上那个油冒得，够煎几个鸡蛋了！洗脸那是必须用洗面奶啊，还得是磨砂的，不然感觉洗起来不着力、清洁不彻底。也用过什么海藻泥的，当时也不懂，反正看广告说海藻泥有无数的好处，就跟风买了，但是味道比较怪，很快弃用。还有挤出来是泡沫的，直接涂到脸上，轻若无物，但是少了摩擦面颊带来的快感。我比较推荐的是"泡沫凝胶"的那种，使用起来就是挤出来是透明的一条，但按摩面部后又会产生很多泡沫，体感很舒适，最后清洗干净也非常方便。

对于敏感性皮肤的朋友，如果想用洁面产品洗脸上的油，可以选用低致敏性的产品，比如一些医用级护肤品牌。对于脸上存在的一些其他皮肤问题的情况，比如过敏的同时本身又油多，那我建议先把过敏治好再说，洁面产品还是停一停。为什么呢？因为过敏等皮肤问题，都存在一个皮肤屏障遭到破坏的情况，而我们皮肤分泌的油脂可以发挥维持皮肤屏障的作用，如果在这种时候还用洁面产品洗脸，会进一步破坏皮肤屏障，很容易加重过敏的情况。就像脸上同时有过敏和痘痘，该怎么治疗？应该是先把过敏治好再管痘痘，因为很多痘痘的用药有一定的刺激性，会加重过敏的症状。

淘米水真的有护肤功效吗

有些朋友不喜欢用市面上常见的洁面产品，她们喜欢用更天然的，比如淘米水。煮过饭的朋友都知道，在我们煮饭前需要先将大米用自来水清洗两到三遍，去除杂质，每次清洗后倒出来的水都会呈淡乳白色。很小的时候，我们就知道用淘米水洗碗能洗得非常干净。为什么呢？因为淘米水含有生物碱，所以是碱性的，去油污效果特别好，还不伤手，比洗洁精安全多了。有些朋友用淘米水来洗脸，因为他们听说这可以嫩肤和祛痘。网上有很多淘米水如何洗脸的攻略。我觉得有必要来跟大家讨论一下其可行性和必要性。

首先我们来看淘米水是怎么被用来洗脸的：一般取第二或第三遍的淘米水（因为呈弱碱性），经过一夜的沉淀，取上层清水（当然还是淡白色的），用温水稀释后洗脸。

可行吗？当然可行，去脸上的油肯定有效果。那是不是淘米水的洗脸效果远远超过其他洁面产品？据我分析，并非如此。虽然淘米水里面有一些水溶性维生素和矿物质，但不是脂溶性的，所以在洗脸的过程中，几乎不大可能被皮肤吸收。况且，在淘米水洗脸后还是要用清水再洗一遍，所以我们皮肤对淘米水中所谓营养的吸收利用，实在是微乎其微。其实，淘米水除了去油并没其他神奇功效，网络上一些说法着实是夸大了。

网络上广泛流传的还有其他一些能让皮肤更美的"洗脸水"，比如"凉开水""水＋白醋""水＋食盐""水＋牛奶""水＋白糖""水＋柠檬""水＋啤酒""水＋绿茶""水＋蜂蜜"……

我个人其实一直不大敢推荐这些"洗脸水"，为什么呢？举个例子，我们生病时吃的药，在经过严格的临床试验后，会得出一个推荐剂量，既有效又安全。但像上述的这种，将食材倒入水中，到底多少水里面该放多少食材，洗脸才有积极作用，根本没有科学依据。并且，上述这些成分配成的洗脸水，不是脂溶性的，而是水溶性的，这意味着这些成分连在洗脸的过程中被皮肤吸收都很难做到，自然不可能有网传的那么多神奇功效。

洗脸水的水温有要求

曾经有一个朋友问我："冬天到底该怎么洗脸？洗脸水到底是热的好，还是冷的好？"她给我看了网上一篇文章，说根据皮肤的不同类型，比如油性皮肤、干性皮肤、混合性皮肤，洗脸的水温都有不同的要求。特别是混合性皮肤，面部不同区域的皮肤特点不一样，最好洗脸水的水温都要有区别，甚至对具体的水温度数都有要求。她问我："上面的说法，科学吗？"

我当时的心理活动，真不知该怎么形容。像我这样每天早上急吼吼上班的人，你让我洗脸还分两种水：双侧脸颊用冷水洗，面中部用热水洗？那我不得忙到崩溃？那么，冬天洗脸水的水温到底该如何选择？我个人意见，四个字：不冷不热。

很多人对脸上冒油很反感，觉得不好看。这个我理解，但我也强调过很多次，脸上的油脂还是有很重要的生理功能的，它可以维持我们皮肤正常的屏障功能。当然了，如果年轻人油脂分泌旺长痘痘，用些洗面奶或者热水去一下油脂，每天一次，这是合理的。

但是，冬天气温低啊，即使你的脸是个"大油田"，产油量都会降低，有时还会觉得脸上干燥。所以你在夏天的洗脸去油方式，在冬天就不合适了。如果感觉脸上有干燥感，那洁面产品就可以停用了。洗脸水也是，不能太热，因为没有必要，温水就可以把脸洗干净的。洗脸用的水太热，皮肤屏障必然会受到影响。

本身面部皮肤比较干的人，到了冬天会更干，所以一定要控制你的洗脸水的水温，凉一些比较好。水温热一些，会把脸上本来就很少的油脂都洗没了。但也不要用太冷的水，因为过冷的水会让面部的血管收缩，皮脂分泌也会明显减少，这样的后果就是皮肤更干。需要强调的是，不要指望用水洗洗脸就能让皮肤"补水"。可以想象一下，要是洗脸就能补水，那洗个十分钟，你的脑袋会是平时几个大？记住，洗脸的作用只有一个——清洁。所以，冬天洗脸很简单，洗脸水不要太凉，也不要太烫。洗完脸再抹一点保湿类护肤品就行了。

洗脸仪好不好用

现在市面上有一种"洗脸仪"，利用超声波原理，据说是"神器"级别的。我在网上搜了一下，简直是好评如潮。那这款神器到底好不好？我仔细地研究了一下。

洗脸仪的超声波让洗脸刷上的细毛高频振动，具有强大的去除面部油脂的功效和一定的按摩作用。那么问题来了：面部的油脂是不是一无

身体清洁

是处？显然不是，面部的油脂是皮肤屏障功能的重要组成部分。皮肤屏障是干吗用的？是保护我们的皮肤不受各种外界因素的伤害，太重要了。所以，我建议有以下情况的朋友，就别用这个玩意儿了，用了有害无益。

一是面部有慢性皮炎、湿疹；二是面部皮肤敏感，经常有刺痒、灼热、脱屑等情况发生；三是皮肤薄嫩、红血丝明显；四是典型的面部干性皮肤。

那哪些朋友可以用洗脸仪呢？

自然就是那些平时脸上油汪汪的年轻人。对于油脂分泌过多的人来说，洗脸仪完全可以用，帮助去油，效果好得很。但是也不能去油过度，那样也会破坏皮肤屏障。所以不要每天都用，隔一两天用一次比较适合。

有痘痘的朋友能不能用？我想是可以的，因为痤疮患者面部油脂分泌比较旺盛。但你也不能指望单靠这个洗脸仪就可以治痘痘哦。

最后，关于洗脸再提醒大家以下几点（这儿指的是日常洗脸）：

（1）洗脸尽量用温水或凉水，不要用太热的水。

（2）油性皮肤每天用一次洁面产品（比如洗面奶）就行了；干性皮肤和敏感性皮肤可以不用；混合性皮肤只需局部使用，即用于清洗油性区域。

（3）洁面产品要选偏中性的，不要用碱性强的，肥皂、香皂要离脸远一点儿。很好记的一点是，含皂基的就是碱性的。

（4）不要对自己的脸太粗暴，用劲儿搓可不行。

（5）洗完脸记得用点儿保湿类护肤品。如果已经因为长期清洗过度伤到了皮肤，那就用有修复皮肤屏障的功效性护肤品。

为啥洁面越勤脸上油越多

要说明"为什么洁面越勤脸上油越多"这个问题，我得先借助一个稍显粗俗的例子：我们体内储存尿液的叫膀胱，当膀胱里的尿液充盈到一定程度，膀胱里的"压力感受器"就会感受到明显的压力，超过一定阈值就会产生尿意，我们就想"嘘嘘"。当然，我们可以控制我们的括约肌，不让尿自行流出，也能控制尿液的流速。

同理，我们皮肤的皮脂腺也可以感受皮肤表面的压力，而这个压力来自皮肤表面的皮脂膜。是的，皮脂主要是皮脂腺分泌的，然后通过"毛囊皮脂腺导管"排到皮肤表面。当皮肤表面的皮脂积累到一定的量，而皮脂腺"感受"到了这种"压力"，皮脂腺就会"休息休息"，不再继续工作（分泌排出皮脂）。这种状态下，因为皮脂膜的存在，皮肤的"屏障"是完整的。

青春期小朋友大多脸上油脂会旺一些，那是因为雄激素（男女都是）作用使得皮脂腺变大，"工厂"变大了，产油量也变大了。洗脸特别勤的朋友，尤其每次都用碱性洁面产品的，一天洗个两三次，脸上皮脂总是处于缺乏状态，会使得皮脂腺经常感到皮肤"缺油"，然后皮脂腺会"加班加点但不要加班费"地分泌和排出皮脂到皮肤表面，以维持必需的皮脂膜。但是，就像人经常做运动，会让肌肉变得强壮一样，皮脂腺每天工作量变大了，很自然的，"皮脂腺工厂"也会逐渐变大以增加产油量。

身体清洁

这也就解释了为啥"洁面越勤脸上油越多"这个问题了。

年轻人脸上油多，主要是因为雄激素刺激了你的皮脂腺，"单室套变成了两居室"，于是产油多。但是油再多，也不要洁面太频繁，以免使皮脂腺变得更大，"两居室变别墅"，产油更多。听上去占了大便宜，都住上"别墅"了，但结果如何，大家可以自己考量下。

我觉得洁面产品一天使用一次足矣，以偏中性为宜，脸擦干后做一下保湿工作，差不多了。

5.

泡温泉对皮肤的影响有多大

　　到了冬天，我最喜欢的事情，就是在一个下雪天，带家人去泡温泉。下午先找个当地干净的土菜馆美美地吃一顿，老鸡汤和芦蒿香干是必点。天开始暗的时候，就去泡汤，冻得直哆嗦地从室外一个池子跳进另一个池子。池子里添加了不同的中药材，还养了温泉鱼。天然的温泉因为含有非常丰富的矿物质，所以对大多数人而言，经常泡泡是有益健康的。

　　对我们的皮肤而言，冬天适当泡温泉肯定是好的。但是不宜泡得时间太长，因为温泉水温偏高，容易破坏皮肤屏障，引起皮肤瘙痒。如果本身有慢性的皮炎、湿疹，冬天泡温泉时间长了容易加重病情。

　　泡温泉后全身通红，血管扩张，丢失水分增加，人容易口渴，所以泡汤过程中要多补充水分。冬天泡完温泉记得在浴室冲个温水澡，用滋润的沐浴露清洗一遍全身，然后不要嫌麻烦，再全身抹一遍润肤露。实在嫌麻烦，最起码四肢要抹一遍。为什么要这么做？就是为了防止长时间泡温泉后皮肤干燥引起瘙痒。平时我们在家洗个澡，最多半个小时就结束了。但花钱去泡温泉，我没见过半小时就出来的，基本都是各个池子都泡一下，起码一个小时以上。

　　性病这个东西，很多人都很忌讳，也很害怕。网上经常有传言说有人去泡了个温泉得了性病，或是游了个泳得了性病。结果很多人吓得就不敢去这些公共场所了，那这个是不是事实呢？

身体清洁

性病有很多种，绝大多数要直接性接触才会传染，部分是通过血液或者体液传播，还有就是接触到被性病病原体污染的物品造成的所谓间接接触传染等。你说泡在流动的温泉或者硕大的游泳池里面，会感染性病？这个可能性是可以忽略不计的，几乎可以说是不可能的。

那为什么会有人在去过公共场所以后，过了一段时间说感染了性病或者传染病呢？如果在那期间没有直接发生"不良"性接触，那唯一的可能是接触了"不干净"的东西。那什么情况，洁身自好的人会接触到不干净的东西呢？唯一的可能就是公用的物品或者器具。

我想来想去，更衣柜的危险性最大。因为更衣柜是最可能直接接触到内衣裤的地方，所以我建议泡温泉的朋友最好自带干净袋子装换洗衣物。在更衣的时候，直接把换下的衣物放进袋子里。总之，我觉得，大家做好适当的卫生防护，就可以放心地去正规的温泉会所、游泳馆休闲娱乐，而不用听信网络上骇人听闻的谣言。

强哥答疑

1. 沐浴露会致癌？

　　谣言！别信。

2. 我是大油皮，因为不喜欢脸上油乎乎的，所以洗脸很勤，但是最近发现脸越来越油了，这是怎么回事？

　　洗脸特别勤的朋友，尤其每次都用碱性洁面产品的，一天洗个两三次，脸上皮脂总是处于缺乏状态，会使得皮脂腺经常感到皮肤"缺油"，然后皮脂腺会"加班加点但不要加班费"地分泌和排出皮脂到皮肤表面，以维持必需的皮脂膜。但是，就像人经常做运动，会让肌肉变得强壮一样，皮脂腺每天工作量变大了，很自然的，"皮脂腺工厂"也会逐渐变大以增加产油量。这也就解释了为啥"洁面越勤脸上油越多"这个问题了。

3. 听说泡温泉会感染性病，我再也不敢去了。

　　性病有很多种，绝大多数要直接性接触才会传染，部分是通过血液或者体液传播，还有就是接触到被性病病原体污染的物品造成的所谓间接接触传染等。你说泡在流动的温泉或者硕大的游泳池里面，会感染性病？这个可能性是可以忽略不计的，几乎可以说是不可能的。

4. 洗脸对水温有要求吗？

　　不冷不热就行，没啥特别要求。

身体清洁

5. 市售洁面产品太多了，我要怎样才能选出适合自己的?

　　我比较推荐的是"泡沫凝胶"的那种，就是挤出来是透明的一条，但按摩面部后又会产生很多泡沫，体感很舒适，最后清洗干净也非常方便。对于敏感性皮肤的朋友，如果想用洁面产品洗脸上的油，可以选用低致敏性的产品。

Chapter 13

皮肤生病了，
你该怎么办

1.

"3+4"，迅速知道脸部红痒的原因

很多人会出现皮肤过敏，比如荨麻疹、湿疹等。荨麻疹可以表现为全身大片的红斑和风团，也可以表现为局部突然肿胀，比如突然嘴巴肿得跟香肠一样不能见人。湿疹的表现就更多变了，就像马尔代夫的天气。

有一种情况在平时比较常见。比如原来皮肤颜色正常不痛不痒的脸，突然出现红、痒，甚至还肿的过敏症状，身上其他部位一点儿问题都没有。这是怎么回事？可能是什么原因造成的呢？下面就来教你们如何迅速排查 3 个最可能的原因。

（1）近一周内有没有接触过新的化妆品。这个很容易排查，有就是有，没有就是没有。如果有，立即停用。

（2）两天内有没有明显日晒。有的话就可能是日光紫外线过敏，这种情况一般夏季比较多见。

（3）如果（1）和（2）都排除了，那就考虑环境因素。生活或工作环境有没有变化？有没有去过一些没去过的场所？因为空气里的过敏原无色还可能无味，接触后可能引起暴露部位，尤其是面部出现过敏反应。

为什么食物或者药物可能性不大？因为这两者引起的过敏多为全身性表现，就是说除了脸以外，身上衣物遮盖的部位也可能有皮疹。当然了，在一些很特殊的情况，比如患者食用了光敏性的食物或药物，然后又受到了阳光照射，可能出现只在暴露部位主要是面部和双手出现明显的红斑肿胀以及痒痛感的情况，但这个概率很小，需要专业皮肤科医生细致分析和排查。

排查完可能的原因，接下来进行 4 点紧急处理：

（1）停用所有化妆品或可疑的接触物，这里指的不光是你怀疑引起自己过敏的那种物质，还包括平时使用的化妆品。因而在治疗期间，最好停用所有的化妆品。

（2）洗脸用温凉水，洁面产品停用。在过敏的时候，使用洁面产品可能会加重症状。

（3）出门戴口罩或者采取其他防护措施，这样可以避免日光照射和接触空气中其他的过敏原。因为在过敏状态下，皮肤可能会对平时接触不过敏的物质产生"不耐受"的反应而加重过敏症状。

（4）立即去医院寻求医生的帮助，不要自行用药治疗！我在门诊遇到过太多患者，自己在家用青草膏、木瓜膏之类的擦剂先涂抹，结果病情越来越严重，然后才来医院看病。

最后提醒大家，不是脸上出现红肿痒就一定是过敏表现，过敏症状也不一定面部两侧对称。有些时候面部一侧的带状疱疹或者丹毒，也可以表现为红肿，不一定有疼痛，所以很容易误诊。因此，出现症状后及时去医院寻求正确的诊治才是最重要的。

皮
肤
病

如何辨别"激素脸"

说到脸面的事儿，必须聊一聊"激素脸"。

"激素脸"其实有"内""外"之分。由内在原因导致的激素脸主要表现为满月脸，脸变大变圆变胖，主要因为身体内部出现问题导致自身的皮质激素（包括糖皮质激素）分泌增加，或者因为其他疾病需要长期口服糖皮质激素引起。

我们平时提到最多的激素脸，主要是长期外用（可能是无意的）糖皮质激素引起的，临床常用"激素依赖性皮炎"来描述。典型表现为皮肤明显发红，毛细血管扩张明显，停用糖皮质激素后会出现炎症性的皮疹，可能呈现为红色丘疹，皮肤变得很薄，可以有色素沉着，自我感觉脸上干痒、紧绷或灼热等各种不舒服。一旦再次外用糖皮质激素治疗，又能很快控制这些不适症状，但如果停用激素，这些不适症状就会很快出现，长期反复，病情越来越重。

有些朋友出现这样的情况，是因为本身脸上有一些皮炎或湿疹需要外用一些糖皮质激素，但由于没有按照医嘱合理使用，时间一长就导致了激素脸的出现。

我曾在门诊碰到一位女性患者，面部皮炎，连续外用激素，居然用完了整整4支激素类药膏。现在的情况是，药继续用着没事，但是一停药，不超过3天，脸就开始红痒，而且有灼热感。仔细一看，脸已经比以前要黑了一些。

怎么才能不让糖皮质激素伤到你的脸？有人说，不用激素不就完了！这话没毛病，但有时候，因为病情需要，要用一些激素在脸上，那我们需要注意以下一些问题。

第一，强效激素不要用在脸上！负责任的医生肯定会注意这一点，尽量选择中弱效的激素给你外用。

第二，激素连续外用时间不要太长！最好记的，就是面部用一周停一周。

第三，每次外用的量不要多，薄薄涂一层即可。

但如果脸上出现了激素依赖的情况，平时又真的没有用过糖皮质激素药膏，那么，请好好检查你的日常护肤品，护肤品的嫌疑很大。

为什么长期外用糖皮质激素会造成"激素脸"？这个机制是非常复杂的，主要是糖皮质激素长期使用抑制了角质形成细胞的增殖分化，使得角质形成细胞数量减少，而且功能出现异常，最终的结果是破坏了皮肤屏障功能。皮肤屏障破坏了以后，皮肤就会变得敏感，各种外界因素的"寻常"刺激，都会造成皮肤的过度反应而产生炎症。

所以，"激素脸"的治疗原则有以下 4 点：

第一，停用外用激素或者可疑护肤品，尤其是网购廉价杂牌或三无护肤品。

第二，通过外用药物或光电治疗积极修复皮肤屏障，注意皮肤日常护理，保湿和防晒很重要，建议选用适合敏感皮肤的医用级护肤品。

第三，使用非糖皮质激素类药物来逐步控制皮肤炎症，比如外用他克莫司或吡美莫司。

第四，已经形成红血丝（毛细血管扩张）的情况下，585 nm 或595 nm 染料脉冲激光是目前最好的治疗手段。当然，也需要多次治疗。

皮肤病

3.

皮肤过敏需要查过敏原吗

过敏性疾病会对患者的身心健康造成很大的困扰，常见的过敏性疾病包括皮肤科的荨麻疹、湿疹、特应性皮炎，五官科的过敏性鼻炎、呼吸科的变应性哮喘等。

很多患有过敏性疾病的朋友普遍关心两个问题：第一，怎么才能根治？第二，过敏原检测有没有用？

绝大多数过敏性疾病都呈现慢性病过程，这是个人体质的问题，也就是我们俗称的过敏性体质，而体质较难在短期内改变。其次就是环境因素，也就是过敏原的问题。过敏性疾病的发生往往都是因为接触到了过敏原，过敏原可以是一种或多种，可以是内源性的或者外源性的。

目前临床正规开展的过敏原检测项目主要是体外实验，包括血清特异性 IgE 检测、皮肤点刺试验和皮肤斑贴试验。

三种检测各有特点，比如皮肤点刺试验很快能看到检测结果，可以方便患者。但是有些疾病，比如人工荨麻疹，不适合做该检测，会出现假阳性；那些天正在服过敏药的患者也不适宜此检测，会出现假阴性。针对这些情况可以进行血清过敏原检测。斑贴试验是用来检测接触过敏原的，比如常见的化妆品过敏就需要做斑贴试验找到接触过敏原。

过敏原有成千上万种，目前在临床上，过敏原检测针对的是最常见的二三十种。虽然理论上的这一局限性客观存在，但在临床实践中我们也看到，过敏原检测依然具有很重要的临床意义和价值，可以为很多过敏性疾病患者提供帮助。

临床上比较多的过敏性疾病患者检测到尘螨过敏，目前对此已经可以进行脱敏治疗，使很多患者的病情得到改善。还有些患者，怀疑食物过敏，很多美味都不敢吃，进行过敏原检测后，检测到的阳性食物过敏原，可以在现实生活中再尝试验证一下。有的时候你会发现，"阳性"的并一定会导致你过敏，这样可以避免盲目忌口。

所以，对广大过敏性疾病患者而言，可以前往正规医院进行就诊，有针对性地寻找可能的过敏原，从而缓解或治愈疾病。我建议日常写"患者日记"，就是说，如果哪一天过敏特别严重，就把加重前 24~48 小时吃过的食物、接触过的东西和去过的环境记录下来。多次记录，有的时候可以找到可疑的过敏原。

皮
肤
病

化妆品会让脸变黑吗

这一节给大家介绍一种皮肤疾病，它主要发生在女性的面部，而且我们黄种人比较常见。这个病的表现很简单——脸变黑了，病状常见于面颊和额头，严重的整个脸都是黑褐色的。这个脸变黑的病，叫作"色素性化妆品皮炎"。

一些长期使用化妆品的女性，本来是想让皮肤变白变美变年轻的，没想到时间长了脸居然变黑了。到底发生了什么？化妆品导致脸变黑的原因到底是什么？

现在普遍认为这是一种对化妆品某些成分过敏（或光敏）导致的局部皮肤色素沉着反应。

首先，假设你用的是正规合格的化妆品。这种过敏反应不是那种急性和剧烈的接触性皮炎。这些导致过敏的成分逐渐进入皮肤蓄积起来，逐渐刺激皮肤产生轻微而持久的炎症反应，并使得皮肤慢慢出现黑褐色的色素沉着。

还有些是因为化妆品里面有光敏成分，如果产品有提示要防晒，但你没有做好防晒，那也会出现这种情况。这些过敏成分目前认为主要是化妆品里的香料、防腐剂或乳化剂等。看到这儿，大家不用恐慌，现在化妆品十个里面九个有这些成分，但出现"色素性化妆品皮炎"的概率是很小的。当然，护肤品成分越简单，自然就更安全。

这一类"脸变黑"，在化妆品停用后黑斑可以逐渐改善甚至完全消退。

但是，我们要警惕另一种情况的可能性！那就是，你用的化妆品不是正规合格化妆品。

我以前在门诊遇到过一位中年女性，一个礼拜要去美容院两三次，用的护肤品都是美容院推荐的独门秘方，罐子上没有任何标识。她说自己以前脸上容易过敏，用了美容院推荐的化妆品后脸就不红了，但是时间长了发现自己整个脸变得很黑。我建议她不要再用那些化妆品了，原因很简单，很有可能这些三无化妆品里面有强效糖皮质激素，用了以后脸是不过敏了，但出现严重的色素沉着一点都不奇怪。

脸的确看上去由白变黑了。那首先要确定自己的化妆品是否是正规合格产品，不合格化妆品最常见的添加之一就是糖皮质激素。如果化妆品是正规合格的，在使用几个月后出现脸没变美反而变黑的情况，那就要怀疑是否发生了"色素性化妆品皮炎"。你要做的就是第一时间去正规医院找皮肤科医生看一下。一旦跟医生眼神确认过，就是这个病，那你就得停用目前使用的化妆品了。

这种情况需要治疗吗？可以慢慢等色素沉着自己消退，也可以用一些具有褪色素作用的药物。

皮
肤
病

5.

皮肤科经典病——湿疹

湿疹是皮肤科最经典的病了，发病率非常高，很多人深受其害，本
节我来谈一谈我个人对湿疹的理解。

湿疹，让有些朋友以为是潮湿引起的疹子。事实当然不是这样，如
果是这样，那些空气比较潮湿的城市里的绝大多数人都要得湿疹了。湿
疹有很多种，但最经典的湿疹，就是人在其急性发作期，因为痒而搔抓
有时会淌水（渗液）的那种，这也就是湿疹名字的由来。

湿疹还有很多其他的类型，比如冬天热水经常烫洗、皮肤干燥诱发
的皮脂缺乏性湿疹（乏脂性湿疹），这种就不淌水。还有小腿静脉曲张
的患者，很容易在静脉曲张的下方出现湿疹，叫淤积性皮炎等。

湿疹痒得厉害，反复发作不容易根治，过敏原不容易找到，从而导
致各种烦恼！湿疹的诊断不难，困扰患者的主要是如何治疗。

湿疹的治疗很有讲究，不是所有的湿疹都能用糖皮质激素药膏就解
决的。我最喜欢跟患者讲的就是，所有瘙痒性的病，包括湿疹，都要"少
抓、少烫、少用皂洗"。这个大家一定要记住。

如果湿疹是急性期，抓了淌水，那就不要再用药膏了。淌水多用湿
敷的治疗方式（具体操作咨询皮肤科门诊医师）。如果淌水不多，用氧
化锌油或者地塞米松氧化锌油，效果是真好，但是有一个小窍门：每天
重新上药的时候，先用麻油或色拉油将前一天的药物洗掉。因为氧化锌

油是油剂，所以用水是洗不掉的。

如果是慢性期，没有淌水，那就可以用各种软膏或霜剂。为了加强疗效，可以口服一些药物，抗组胺药可以起一定的止痒作用，更适合内用治疗湿疹的是非特异性抗炎药物或者免疫抑制剂。

湿疹能不能根治

一是跟人的体质有关，二是跟过敏因素有关。

过敏原难找，我们不能太指望它。那是不是湿疹就根治无望了？也不是，人的免疫系统无比强大而又复杂，当它紊乱的时候，它可以让你出现各种毛病，但它自身的调节作用又会让你某一天发现："咦，好像湿疹已经很长时间没有发了？"

所以，我要表达的意思是：你要有信心，未来的某一天，说不发就不发了。所以，湿疹的治疗目的是控制症状，改善生活质量，它总有一天会自己好的。千万不要因为追求根治，上当受骗。湿疹用药，安全性排第一位。

湿疹会不会遗传

过敏性体质是可以遗传的，但肯定不是100%，而且两代人的表现形式可以完全不同。可能家长表现为湿疹，子女表现为过敏性鼻炎。

湿疹、荨麻疹、神经性皮炎、血管性水肿、过敏性鼻炎、哮喘等，这些都是过敏性体质常见的表现形式，都是一家人。甚至就同一个人而言，在不同的人生阶段，可以表现为不同的过敏形式。

湿疹有没有饮食禁忌

这也是很多患者很关心的问题。一般看病的最后，都会问哪些能吃

皮肤病

哪些不能吃。

可能有的医生会严肃地告知患者，鱼虾海鲜等，绝对不能吃。但我一直认为，不可能所有的湿疹患者吃了鱼虾海鲜就会加重病情。人刻意控制自己的食欲，是很痛苦的事，生活质量实在太差了。我一般会告诉患者，你如果喜欢吃什么，就把这种食物试吃一下，比如今天专门吃一次虾，看第二天有没有加重，没有加重就放心吃。如果加重了，也不用紧张，食物代谢快，吃一次的作用时间不长。

一切治疗的目的，从来都不是降低生活质量。婴幼儿的湿疹治疗，更不应该为了治疗湿疹而过度控制饮食影响孩子的生长发育。

最后总结一句，湿疹从来都不是可怕的病，调整心态，不用急躁，在专业医生指导下，肯定可以战胜它。

6.

值得警惕的带状疱疹

带状疱疹是水痘 - 带状疱疹病毒感染引起的皮肤病，人的免疫力降低后，病毒的复制增殖会引起身体一侧红斑水疱伴疼痛。因为多出现在腰部，戏称为"缠腰龙""蛇胆疮"。这是常见病，季节转换之际，始终是带状疱疹的高发期，从来都是如此。

这种情况下，积极接受抗病毒、营养神经、抗炎止痛等治疗后，一般两周内皮疹消退，一个月内疼痛消退。少数人疼痛持续时间长，皮疹消退后一个月还疼，这叫带状疱疹后遗神经痛。

但你不要以为带状疱疹就怕一个后遗神经痛，有些特殊部位的带状疱疹，你必须引起高度重视！

（1）眼带状疱疹：可以看到一侧眼睑肿胀，眼睛睁不开，扒开眼皮一看里面结膜充血，红得很！别犹豫，赶紧去眼科找医生看，该检查检查，该治疗治疗。不积极对待，影响视力甚至失明都有可能！

（2）耳带状疱疹（Ramsay-Hunt 综合征）：一侧面瘫、耳痛、外耳道疱疹。一定要警惕面瘫！

（3）累及一侧上肢或下肢的带状疱疹：带状疱疹病毒主要破坏感觉神经，引起疼痛。虽然很少影响运动神经，但也不是没有这种情况。我就遇到过好几例患者治疗以后，水疱没有了，疼也消了，但手握不起来了，牙都没法刷。这种情况一定要引起警惕！

皮肤病

（4）发生在私密部位的带状疱疹：只要是皮肤黏膜部位，都可以长带状疱疹，即使是羞人的部位！强哥遇到过好几例长在阴囊、女性外阴，或者臀部的疱疹，结果小便排不下来或止不住（尿失禁），或者大便也排不出来，痛苦万分。这时候需要其他科室一起协助治疗。

（5）还有需要注意的是坏疽性带状疱疹，局部皮肤全部坏死，形成溃疡，愈合后容易留有瘢痕。留有瘢痕的带状疱疹大多有持续的疼痛或者感觉异常，严重影响生活质量。

（6）播散性带状疱疹也要注意，除了局部有带状疱疹的皮疹，全身还会出现很多水痘样的小水疱。这个很严重，全身的病毒血症使得各个器官都可能受影响，甚至危及生命。

最后建议大家平时多锻炼身体，提高自身抵抗力，很可能一辈子都不发带状疱疹！少受罪，谁不乐意？

得了慢性荨麻疹要不要忌嘴

荨麻疹这个病太常见了。荨麻疹一旦发动，说实话，医生也不知道你会是急性的，还是可能会变成慢性的。当然，后者出现概率不高。简单说，病程超过六周的是慢性荨麻疹。现在绝大多数人都有一个概念，只要出现过敏，就要忌嘴，忌嘴的意思就是好多东西都不能吃，包括鱼虾海鲜、辛辣刺激性食物等。每天吃吃青菜豆腐，过着佛系生活。

曾经一位外地朋友带了亲戚过来看病。有个两岁多的小朋友，已经明确是慢性荨麻疹。我对家长说的第一句话就是："该吃吃，千万不要不吃。"因为荨麻疹对孩子的身体没有根本性影响，治疗孩子荨麻疹的药物（氯雷他定、西替利嗪）也很安全，但是因为过敏而不吃不喝，那对孩子的生长发育影响就太大了。

孩子的家长表示观念被彻底颠覆，因为之前的确鱼虾都不敢给孩子吃了，因为当地医生说过敏的话不能吃这些东西。引起慢性荨麻疹的可能原因太多了，绝大多数情况下，很抱歉，真的找不到原因。

医院有多种过敏原检测，但是，我对每个做检查的患者都强调："过敏原检测具有参考意义。"比如查出了"虾"过敏，是不是就代表以后就不能吃虾了呢？当然不是，你一定要在实际生活中吃各种虾验证一下。相信我，结果很可能跟你想的不一样。还有一种情况，你可能平时观察到了每次吃鸡蛋，身上的皮疹会加重，但是你做过敏原检测，却发现没有测出鸡蛋过敏。过敏原检测有一个局限性：目前能临床检测的过敏原数量很少，和实际存在的过敏原数量是几个数量级的差距。

找过敏原，功夫在日常！建议坚持平时写"患者日记"，每次皮疹加重的时候，比如荨麻疹又发了，要留意 24 小时内吃过哪些东西，去过什么地方，记下来。多次记录找共同点。

再回到我们今天的主题，**慢性荨麻疹要不要忌嘴？** 我给出如下建议：

第一，小朋友慢性荨麻疹，绝对不要忌嘴，除非家长明确发现吃了某样食物会让皮疹明显加重。理想的治疗结果：每天口服抗过敏药能完全控制病情 24 小时甚至更长时间。其实，目前看来，因为食物过敏引起的儿童慢性荨麻疹，真的是极少的。

第二，成年人慢性荨麻疹，因为成年人食用的食物种类的复杂性远高于儿童。所以，在治疗起始阶段可以适当控制饮食，暂时不吃几天生猛海鲜，对成年人的影响可以忽略。当找到能控制病情的治疗方案，比如口服抗过敏药能控制 24 小时甚至更长时间。在执行治疗方案、每天都不再出现荨麻疹的基础上，逐步添加各种食物，包括你喜欢的海鲜、你喜欢的辛辣食物等。在服药的基础上，如果吃各种生猛海鲜都没有出现新的皮疹，那你还有忌嘴的必要吗？该吃吃呗！

当然，如果你本来就对吃没兴趣，那你可以忽略上面这些话。但我相信，绝大多数人都是喜欢吃的，所以上面的方案可以供那些喜欢吃但又得了慢性荨麻疹的朋友借鉴。至于其他过敏性皮肤病是否要忌嘴，道理是差不多的。

慢性荨麻疹会好吗？ 一个坏消息：目前还没有短期内根治的治疗方法，悲观地说，未来几十年也不一定会有。一个好消息：得了慢性荨麻疹一辈子都不好的，大约只有 5%。另外，80% 左右的慢性荨麻疹患者，在发病后 3~5 年内可以自愈。

慢性荨麻疹一定要治疗吗？ 如果你觉得痒影响生活质量，你就治！反之，可以不治疗。

秋冬天嘴唇干痒怎么办

　　进入秋冬季，很多朋友都会觉得嘴唇很干燥，很不舒服。有的时候多喝些水润润唇就能改善，但有的时候就不行，然后呢，会时不时地用舌头舔嘴唇，结果越舔嘴越干，越舔嘴越肿！嘴唇干痒脱屑不能舔，为什么？因为我们的唾液它不是白开水，里面有各种酶类物质，滞留在嘴唇上会减弱嘴唇黏膜的屏障功能，加重干痒的症状，于是越舔越干。就像皮肤痒了不能抓，因为越抓越痒。

　　发生在嘴唇上的所有炎症，我们统称为"唇炎"，具体又细分成很多种。平时除了口红或者唇彩过敏引起的接触性唇炎外，最常见的是每年秋冬季好发的唇炎，因为气候寒冷干燥，嘴唇容易干燥脱屑。

　　我经常犯这个病，也尝到过老是舌头舔嘴唇后的痛苦。其实只要嘴唇长久保湿就能好得很快，甘油可以，但是记住，10%~20% 浓度的甘油是适合人体皮肤的，黏膜部位浓度应该更低一些。但甘油很难买到，没有甘油用麻油也行。最方便的还是无色无味的滋润唇膏，但每天使用次数不宜过于频繁。并且，在有唇炎的日子里，我是拒绝火锅的。

　　也有些朋友每次唇炎都会比较严重，这个时候可以用一些红霉素眼膏外搽，配合短期使用弱效糖皮质激素药膏，或者用不含糖皮质激素的抗炎作用的药膏（比如普特彼或者爱宁达）。口服复合维生素 B 有一定好处，但是不要指望单靠它能解决问题。妊娠、哺乳及备孕期的朋友治

皮肤病

疗唇炎，请至正规皮肤科就诊。

就像上面说的，唇炎有很多种，有些唇炎除了干燥、脱屑，有时还会伴有淌水、破溃、开裂的症状，或者形成肿块，持续不好转，用了上述药物都没有效果。那这种情况一定要引起重视，必须到医院进行嘴唇活检＋病理检查，以明确性质。切勿麻痹大意，一拖再拖。

最后提醒各位朋友们，嘴唇上脱皮，千万不要用手撕啊！撕的时候会把好的皮也顺带撕下来，结果会出血，非常疼痛。你问我怎么知道？因为我吃过亏啊。那怎么办？可以用温水将嘴唇湿润，过一会儿再用手指轻轻一搓就可将脱的皮去除，且不连带将好的皮肤撕下。

9.

毛巾用不好，皮肤好不了

我们遇到皮肤破损，应急的时候会拿干净的纸巾擦拭、摁压伤口止血，有时也会用家里的所谓干净毛巾包扎伤口。那这一节我们就来聊一聊毛巾和皮肤健康的问题。

首先问几个关于大家家里毛巾情况的问题。

（1）多久换一条新的？

（2）多久拿出去大太阳晒晒，还是就一直挂在盥洗间？

（3）会不会经常用洗涤剂把毛巾搓一下？

（4）洗脸毛巾和擦手毛巾是区分开用的，还是就用同一条？

（5）是喜欢柔软的毛巾，还是喜欢用有点儿粗糙磨脸的毛巾？

是不是问题有点儿绕？其实我是想告诉大家，洗脸的毛巾虽然不大，但学问不小。

（1）因为无论你是用冷水，还是温热水洗脸，最后擦拭的时候，毛巾不止擦干了水分，也会把脸上的一些油脂擦掉。所以洗脸毛巾用得时间长了，会感觉不够柔顺，潮湿的状态下会比较油腻，这种情况下其实毛巾已经不干净了。

（2）毛巾经常挂在盥洗间，如果通风不足，毛巾始终处于半干半湿的状态，很容易滋生细菌，非常不卫生。用这样的毛巾洗脸，是有害面部皮肤的。

皮肤病

（3）我们要经常把毛巾挂在通风处，或者晒晒太阳，要保持毛巾干燥；另外还要定期用温和中性的洗涤剂清洗我们的毛巾，洗掉附着的油脂，不然它会成为细菌的温床。

（4）最好定期更换新的毛巾。

（5）有人喜欢用材质略粗糙的毛巾，觉得用起来比较爽，感觉把脸上的老皮全部擦掉了。其实不然，用力擦脸对皮肤不好，容易破坏皮肤屏障，继发其他皮肤疾病。如果脸上原来就有皮炎、湿疹，更忌讳用毛巾搓，会加重皮损。另外有扁平疣的朋友，用粗糙的毛巾擦拭容易让皮损扩散。

卫生习惯很重要，大家都知道。但小小的一条毛巾带来的卫生问题，却常常被大家忽视。爱护自己的皮肤，从一条干净、柔软、清爽的毛巾开始。

10.

耳朵上长出了"绿色耳钉"怎么办

这一节给大家介绍两种"绿色耳钉"。

第一种"耳钉"：门诊遇到一女孩，在卖耳钉的铺子打了耳洞，也不知道有没有消毒。一个月后针孔那儿长出了一个"绿色耳钉"。到门诊一看，竟然长了一个寻常疣（瘊子）出来。寻常疣是病毒感染，应该和打耳洞时局部皮肤或器具消毒不彻底有关。寻常疣治疗不难，液氮冷冻就可以了。

第二种"耳钉"：另有一位女性患者听朋友介绍，去了一家口碑不错的小店打耳洞，结果出现了意外。一个月后在耳洞部位出现了很大的肉疙瘩，也是"绿色"的，耳洞两侧都有。我问她："打完耳洞有没有感染过？你是不是瘢痕体质？"她回答："我不是瘢痕体质，但打完耳洞以后老是发红、淌水，慢慢地皮肤凸起来，把耳洞都堵没了，简直丑疯掉了！而且还老是痛痒。"其实这是挺常见的事儿，打耳洞后出现了瘢痕疙瘩。

门诊经常会有年轻女性或男性咨询能不能在医院打耳洞，其实一般整形外科是有这项医疗操作的。但我会叮嘱患者，如果是瘢痕体质，那就不要冒险在耳朵上打洞了。如果不是瘢痕体质的朋友，可以去，反正我也拦不住。但是，一定记得要去正规医院，第一是无菌操作很重要，第二是打完耳洞后的后续处理也很重要，这样可以最大限度地避免局部

皮肤病

病毒或细菌感染的发生，比如第一个"耳钉"，长了一个寻常疣出来。另外，局部慢性感染的反复刺激是瘢痕疙瘩形成的重要原因。

如果出现了耳朵部位的瘢痕疙瘩怎么办？

我建议手术切除。切完以后一定要配合其他一些治疗措施。

为什么？因为瘢痕疙瘩很容易复发。所以一定不要随意找个非专业医疗机构把这个东西切了就不管了，而要找专科医生用专业的联合治疗方式进行处理。

11.

"酒渣鼻"真的跟酒有关吗

"酒渣鼻"很常见，就是那种红红的鼻头，小时候觉得肯定和喝酒有关，不然为什么要起这个名字？你想想，喝点儿酒后脸容易红，鼻头也更红，的确很形象。现在"酒渣鼻"更多地改称"玫瑰痤疮"。因为这个病不光是长在鼻子上，也可以长在面部其他部位，甚至是眼睛。另外，女性患者多于男性，我在门诊经常会遇到。很多女性患者抱怨自己的面中部很容易红，太阳一晒就红，温度一高就红，情绪激动也会红，还容易起脓疱。

那么问题来了，玫瑰痤疮（酒渣鼻）跟喝酒到底有关系吗？我们的教科书上说了，可能有关。目前喝酒与玫瑰痤疮之间的流行病学关联，仍然是有争议的，不同的研究报道意见并不一致。

2017 年皮肤病学的专业学术期刊发表了一篇名为"美国女性酒精摄入量和玫瑰痤疮发病风险"的文章，里面的一些结论可以供大家参考。这是一个为期 14 年的临床随访，八万多名女性的样本量实在巨大，所以是很有说服力的一项研究。其结论如下：

第一，酒精摄入量增加与玫瑰痤疮发病风险增加显著相关。

第二，酒精摄入量越高（每天大于 30 g 酒精），玫瑰痤疮发病风险越高。

第三，白葡萄酒摄入和玫瑰痤疮发病显著相关。

皮肤病

　　结论是，酒精摄入量与美国女性玫瑰痤疮发病风险增加显著相关。

　　我猜到很多朋友看了以后长吁一口气：还好自己不是美国人，还好自己是男的，还好自己喜欢喝的是白酒。老外喝的酒跟咱喝的的确不一样，所以报道里面的饮酒种类分析我们看看就行了。平时白葡萄酒我们喝得并不多，应该排在白酒、红酒、啤酒、黄酒之后。另外，东方女性喝酒的也不是很多。美国女性酒精摄入和"酒渣鼻"发病风险显著相关，那东方女性是否同样如此？东方男性又会怎样？目前还没有定论。

　　但我个人认为，结果应该是同样的，东方人长期饮酒也会增加玫瑰痤疮的发病风险。虽然人种有差异，但是喝酒对人体的伤害都是一样的。据我的不完全了解，**酒精似乎跟 90% 以上的常见疾病（不光是皮肤病）的发病有关系**，可能是诱发因素，也可能是加重因素。

12.

家庭主妇手和妇男手

简单而重复的事很多，对我来说，平时生活中经常做的事，除了吃饭、睡觉，估计就是洗碗了。但说实话，没有人会说："我喜欢洗碗。"但也没有规矩说，一定是女人洗碗，男人不洗碗，是吧？

我在家做饭、洗碗还是比较勤快的。以前我也说过，我会做的不多，但会做的做得都不错。洗碗的问题，其实是没有多少技术含量的，洗干净不是问题。如果有洗碗机，自然就更方便了。我没有洗碗机，所以都手洗。作为一个皮肤科医生，我还是很注意保护皮肤的，虽然每次都会用到洗涤剂，但是双手还是保养得很好。

门诊经常碰到一些患者，因为手部皮肤长期起红斑、长水疱、发痒甚至会开裂而疼痛难忍，前来就诊的，有男有女，女患者相对多一些，大多是中年以上。排除了职业性、接触性因素之后，诊断出大多数患者的情况是和长期做家务有关。这就是我们俗称的"家庭主妇手"，也可以叫"慢性湿疹"或者"慢性接触性皮炎"。当然了，现在在门诊，同样表现的"家庭妇男手"也多起来了，这个嘛，原因你们自己领会一下。

"家庭主妇手"不是简单的皮肤病，它其实代表了一种生活习惯和社会现象。比如家里一般都有洗衣机，但如果是洗小朋友的衣服，很多人还是会选择手洗；家里有洗碗机的，碗不多的时候，很多人也会选择手洗。

家庭主妇（夫）长期接触各种洗洁精、洗涤剂、消毒剂、香皂、肥皂，却很少会注意防护。在很多中老年女性看来，会做家务是东方传统美德，是勤劳的体现。很多患者得了手部湿疹，医生建议戴手套做事，她们却觉得，戴了手套做家务，虽然保护了双手，但是会洗不干净，干起活来没感觉。这种观点是普遍的，但却是不正确的。

"家庭主妇手"除了美观问题，大多会痒，甚至疼痛，所以前来就诊。很多朋友看了很多家医院用了很多药，都没有好转。那是因为在治疗的同时，她并没有改变生活习惯，也没有停止接触伤手的物质。从治疗原则上讲，有了手部湿疹最好不要再做家务，不过家里总得有人做家务，是否可以完全丢下，让家里另一个人做？这真是个难题。所以做家务戴手套是很好的选择，再配合医院的药物，治疗起来会好得非常快。

如果实在是戴不习惯手套或者对橡胶过敏，那就尽量选择中性的洗涤剂、清洁剂，这样对我们手的伤害会小一些；做完家务后，用稀释后的白醋洗洗手，可以去除手部残留的碱性物质，再用清水洗一遍，保湿护手霜搽一遍，这样都是很好的防护措施。

"家庭主妇手"具体的治疗药物，以外用为主，你可以外用糖皮质激素或不含激素的药物，配合保湿滋润皮肤的药膏。如果有比较明显的皮肤裂口伴疼痛，可以自购曲安奈德新霉素贴膏或愈裂贴等膏药，效果挺不错。

"家庭主妇手"要想好，家务都让老公做。这当然只是开个玩笑，最重要的还是防治结合！

13.

如何才能让脚气不再复发

一到夏天，脚气患者就多起来了。

脚气是真菌感染导致的足部皮肤病，专业术语叫"足癣"。"脚气"和"脚气病"是两个完全不同的概念，"脚气病"是维生素 B_1 缺乏，我们今天不讲这个。

脚气可以表现为脚趾缝痒、潮湿、发白、糜烂，也可以表现为脚上起小水疱和脱屑等。痒的人就会来医院看，不痒的人就在家拖着不看。脚气除了痒、难受以外，还容易继发难看的灰趾甲（甲真菌病）；严重的可以继发细菌感染，让整个脚甚至小腿都肿痛起来，同时伴随发热，这就是"丹毒"了；有的时候还会突然出现双手水疱伴奇痒，那叫"癣菌疹"。

单纯脚气的治疗，不急的话可以四周外用抗真菌药物，比如特比萘芬、联苯苄唑、酮康唑等。也可以口服抗真菌药物如伊曲康唑、特比萘芬等。郑重提醒，处方药必须在医生指导下使用，必须挂号后让门诊医生来决定适合你的用药。即使是非处方药也不能夸大治疗范围，包括药酒也不行。

很多人最迫切关心的问题是："如何才能让脚气不复发？"针对这个问题，我有以下几点建议。

（1）最有效的方法是移民，去南极或北极。在极度寒冷的环境下，脚气应该不会再复发。为什么脚气夏天容易复发，因为真菌喜欢温暖潮湿的环境。越是高纬度地区，真菌感染性皮肤病的发生率就会越低。所以，南极和北极是好地方，但这个移民难度有点儿大，不光真菌活不了，可能人也活不了。

（2）如果今年脚气彻底治好了，症状消失了，真菌检查也都是阴性，那还要看看有没有灰趾甲。灰趾甲的存在，会成为一个顽固的传染源，到了第二年天气回暖的时候，很容易引起脚气的复发。所以，积极治疗灰趾甲，也是减少脚气复发的有效手段。

（3）今年脚气治好了，而且也没有灰趾甲，但是到了第二年还是容易得脚气，因为你的生活环境没有明显改变。以南京为例，第二年夏天，如果一个人一天奔波下来都不出脚汗，那真的是很不可思议的事。当然了，有脚汗不代表就一定会得脚气，这跟一个人的皮肤对真菌的抵抗力有关。人的体质是比较难短期内改变和提高的，那我们只能尽量改变脚所处的环境。比如说，穿透气的鞋子、吸汗的袜子，努力让脚汗少一些，局部干燥一些，可以每天早上在脚上或者袜子里面多扑些粉，每天晚上用稀释的白醋泡泡脚，这些都有积极作用。

简单说，如何才能让脚气不再复发？办法就是积极彻底地治疗目前身上的所有致病性真菌感染灶，无论皮肤上的还是趾（指）甲上的。在第二年气温回暖之时，多想办法让脚处在干燥、透气的空间里，破坏真菌的生存环境，抑制真菌的生长。

14.

难看的"灰指甲"

夏天真菌感染性皮肤病就诊率特别高，比如灰指甲——甲真菌病。尤其是女性朋友，要穿凉拖了，就开始关注自己的趾甲了。

灰指甲会传染给别人吗

灰指甲可以是指甲变黄、变白或变黑，也可以是明显增厚或者剥脱。平时没什么感觉，但有时会引起甲沟炎，导致甲周皮肤又红又肿伴疼痛。可以是始终只有一个指甲有问题，也可以慢慢传染到所有的指甲。但是，诊断甲真菌病，必须要到皮肤科找医生诊断后再治疗。有了灰指甲，对性命影响不大，就是难看，很多人还怕传染。曾经有句挺厉害的广告："得了灰指甲，一个传染俩。"相信很多人都听说过。

以前门诊碰到过一个事儿，患者及其全家人都得了灰趾甲。患者是个年轻男性，青春期出现一个大趾甲变白，变厚，没管它。后来五六年间逐渐传染到十个脚趾甲中的九个，都是变白、明显增厚。患者的母亲陪同来就诊，她问我会不会是患者父亲传染的，因为父亲有灰趾甲，脚上好几个。

我问她："你老公的趾甲有什么表现？"她说趾甲明显增厚，表面不平整，黄色浑浊的，显然就是灰趾甲。然后患者的母亲又说："医生你看看，我的是不是灰趾甲？"我一看，果然几个趾甲颜色变黄，

皮
肤
病

253

凹凸不平。她自述趾甲变得很脆、易碎，这也是典型的真菌感染引起的甲真菌病。

她说："我家老公先有的，肯定是他传染我们的吧！"我回答："说实话，你家老公有点儿冤！"简简单单的甲真菌病，可以是由很多不同种类的真菌感染引起，感染后趾（指）甲的外在表现也是多种多样的。我们说到传染，是病原体从一个人传到另外一个人，那应该还是同一种病原体。但这一家三口人，虽然都是灰趾甲，但临床表现明显不同，很有可能不是同一种真菌感染引起的。当然，最好是做真菌镜检和培养检查，这样就知道"真凶"是同一个、不同的两个还是三个。

我们说的灰指甲"一个传染俩"，指的是一个人，先有了一个灰指甲，很容易逐渐传染给自己其他的趾（指）甲。对一个家庭而言，并不是说一个人有了灰指甲，就会很轻易地传染给家里的其他人，其实这概率不大。

现在越来越多的科学研究发现，很多疾病存在基因易感性。比如说父亲很容易感染真菌，那基因高度相似的子女也很可能特别容易感染真菌。但即使两个人都得了灰指甲，引起灰指甲的真菌也不一定是一个种类的，所以临床表现也可能是完全不同的。真菌无处不在，尤其喜欢温暖潮湿的环境。不用别人传给你，环境里的真菌在某些条件下就可以接触并感染你的指甲。得不得灰指甲，也要看你本身的抵抗力，另外也看指甲的屏障是否完整，特别是有没有趾（指）甲的外伤史。

所以，如果家里有人得了灰指甲，也不要太紧张。不过，不混穿拖鞋还是必要的，虽然灰指甲传染给另外一个人不是你想的那么容易，但毕竟也是一个传染源，避免接触总是最好的。

得了灰指甲，怎么治

最后谈一下灰指甲的治疗。目前所有治疗灰指甲的外用药物，无论国产还是进口，用个半年以上，总有效率不会超过 40%。意思是，十个人里面可能最多四个人会看到明显的治疗效果。这说明灰指甲治疗有难度，用了外用药，超过一半的人治疗没效果，继续加重甚至传染到其他指甲上也挺常见。

治疗灰指甲目前公认效果最好的是口服药物。但口服药物治疗，必须考虑患者的综合情况来选择，不是随便买了药就往肚子里面吞的。口服药物主要是特比奈芬或伊曲康唑。疗程上，手指甲需要 2~3 个月，脚趾甲需要 3~4 个月。所以疗程是比较长的，但效果很不错。口服药物因为时间长，所以需要定期检测肝功能。特比奈芬建议口服 3 个月后查肝功能，伊曲康唑建议每个月都要查一次肝功能。

激光治疗灰指甲也是一种选择，比如长脉冲 1064 nm Nd：YAG 激光，虽然单独外用激光肯定不如口服药物。但两者联合治疗效果可以更好。激光治疗的细节需要到皮肤科门诊找医生详细咨询。

外科拔甲治疗，有点儿小痛苦，当然单独拔甲肯定是不行的，还要配合外用或口服药物。

使用外用药物能治好灰指甲吗

有些朋友特想治疗灰指甲，但又不想吃药，总是担心说明书上的副作用落自己头上。其实如果大家仔细看看平时吃的感冒药的说明书，看完以后还有几个还能保持内心平静与祥和？另外，这些朋友也确实没有时间来医院用激光治疗，只想外用药物！那我就推荐几种外用的治疗药物和方法。

（1）重磅药物：Tavaborole 和 Efinaconazole。是不是很难念？你问我中文怎么念？不好意思，我也不知道。这两个药物是目前外用治疗灰指甲最好的药物，但国内暂时没有。

（2）5% 盐酸阿莫罗芬搽剂：里面有全套工具，干啥的？里面配有锉子，可以用来把有问题的指（趾）甲表面锉平，让涂上去的药能渗透到下面。每周 1~2 次，指甲至少需要搽半年，趾甲需要 9 个月以上。这一治疗的有效率如何？权威的英国皮肤病杂志发表的一篇文章提到，治疗 9 个月的灰趾甲，在第 10 个月的临床有效率是 28%。注意，是有效率，不是治愈率。所以，很多事情，我们需要运气。

（3）8% 环吡酮搽剂：用法烦一些，最开始两天涂一次，后期按说明书可以逐渐延长用药间隔。用药前也要锉指（趾）甲。环吡酮疗效和阿莫罗芬搽剂差不多。

（4）复方土槿皮酊：也是药水。可以试试，有效率不及阿莫罗芬和环吡酮。

（5）尿素软膏和抗真菌药膏混合封包：比如 40% 的尿素软膏和联苯苄唑乳膏或者特比萘芬乳膏混合外用。用之前也锉一下指（趾）甲，然后涂药，最后用保鲜膜或者纱布稍微包一下，不要太紧，每天换一次。这个方法的特点就是比较费劲、费时，不嫌麻烦的朋友可以试试。

（6）冰醋酸：这玩意儿在医院是开不到的，但总有患者能自己拿到这个东西来治疗灰指甲。冰醋酸刺激性巨大，容易灼伤皮肤。我个人是不推荐大家用这个的。

（7）其他：比如碘酒浸泡等各种偏方，疗效一般般。

上述各种外用药，孕妇、哺乳期妇女、备孕期男女，以及儿童，统统不要用。甲真菌病的治疗其实学问很深，不同表现类型，不同真菌感染，对外用药的治疗反应也不同。所以，请大家治疗前先去看医生，该检查就检查，最后选择科学合理的治疗方案。

15.

脚后跟老开裂怎么办

每天早上能沐浴在阳光下的话，心情真是无比舒畅。但阴雨过后的放晴，伴随着气温的猛降，秋天的来临意味着冬天已经不远了。随着气温的降低，因脚后跟（足跟）开裂而困扰的患者会逐渐增多，皮肤开裂的疼痛会影响走路和生活质量。

脚后跟开裂在大冷天非常常见，尤其是老年朋友，最直接的原因是皮肤干燥缺少水分，此外还有一些原因。有些朋友夏天有脚气（足癣），足部水疱、脱屑、痒，没好好治疗，结果到了冬天，脚后跟容易出现开裂。还有些个朋友喜欢在冷天泡脚，泡脚爽啊！热水泡个脚，浑身舒坦，跟二师兄吃了个人参果似的。泡个热水脚还有助睡眠，好处多多。但是长期热水泡脚也会破坏皮肤屏障，在冬天容易造成脚后跟干燥开裂。

那针对不同原因的脚后跟开裂，我们该怎么办？其实非常简单：

（1）脚气引起脚后跟开裂的朋友，积极治疗真菌感染，冬天可以用抗真菌药膏，比如特比萘芬、联苯苄唑或酮康唑软膏等，和尿素软膏混合外用。可以在睡觉前擦上去，然后用保鲜膜贴起来，不要包太紧。第二天早上洗掉，效果很不错。

（2）老年人脚后跟开裂的治疗，就是每天多擦保湿滋润作用的药膏；喜欢泡脚的朋友，可以放点儿醋再泡脚，泡完脚立即在脚上抹润

皮肤病

肤乳，可以预防脚后跟干燥开裂。

（3）有的时候足跟开裂很严重，裂得很深，比较难愈合。这个时候我们可以买胶布贴，比如愈裂贴，可以帮助伤口愈合。

16.

蜂蜇伤后的紧急处理

作为皮肤科医生，经常和蜂蜇伤打交道。对此，我有几点自己的看法。

关于蜂刺

作为成年人，你应该能评估出自己能否有能力将蜂刺拔出（如果看到蜂刺的话），如果只有很少的一小部分蜂刺冒出皮肤表面，那你千万不要浪费太多的时间在自己取蜂刺上，请将机会留给急诊室的医生。

关于肥皂水冲洗的问题

首先你得确定蜇你的是蜜蜂还是马蜂。两者外形大不同，但是很可惜，杀手飞得很快，你的眼睛不一定能分辨出是哪种蜂。

蜜蜂的蜂毒是偏酸性的，黄蜂的蜂毒是偏碱性的。如果是黄蜂蜇的，用肥皂水洗就不大合适了。如果你能确定是蜜蜂，那可以用肥皂水冲洗。（说实话，现在肥皂很少了，所以用香皂代替吧！）如果你第一时间找不到香皂，或者你搞不清是哪种蜂攻击了你，那就赶紧先用流动的水冲洗伤口，冲比不冲好。

是看情况严重程度再决定去不去医院，还是立即去医院

蜂蜇伤引起的局部反应是红肿痒痛，严重的是荨麻疹等全身过敏反

皮
肤
病

应，甚至因过敏性休克而倒下，再有就是蜂毒造成的全身中毒反应。蜂蜇伤的过敏反应发生得比较迅速，进展也比较快。所以，如果被蜇伤后很快出现了全身不适，你要做的就是呼救周围的人第一时间将你送到医院，千万不要自己跑去医院。因为两条腿没有四个轮子快，并且跑步加速血液循环会加重全身反应。

速发型过敏发病速度特别快，必要时，请周围的群众送你去最近的医院是最佳措施。如果你被蜇伤后暂时只有局部肿痛，我还是建议你立刻动身去医院看一下，千万不要等待严重反应出现后再去医院。

再次强调，速发型的过敏反应一旦启动，会快到你招架不过来，说晕倒就倒了。所以即使人是清醒的，也需要第一时间去医院。提醒一点，是去急诊，而不是门诊。急诊就诊比较快，门诊等候时间比较长。

在去医院的路上，有条件的话立即服用抗过敏药（抗组胺药），家里自备或是路边药店购买，比如氯雷他定或西替利嗪。强调一下，是尽快服用，而不是出现了症状再服用。抗过敏药服用后起效需要时间。口服糖皮质激素如泼尼松效果更好，但因为是处方药，去药店没有处方第一时间买不到。

总结一下就是，第一时间冲洗伤口，有能力拔刺就拔，没能力不要勉强；第一时间口服抗过敏药，不管有没有症状；第一时间去就近医院急诊就诊，不要等出现全身不适再去，那样可能就来不及了。

17.

空调环境久待会得皮肤病吗

　　我一直在思考，以前没有空调的岁月，我是如何挨过的？在大学的时候，宿舍没有空调，我恨不得整天都光着膀子，幸好学校有免费的冷水澡洗，所以我每天靠洗多次冷水澡来降温消暑。房间如果有空调，那夏天就舒服多了。待在空调房间避暑，再来个冰西瓜，还有比这个更爽的吗？

　　很多人知道，长时间待在空调房间里面，容易出现"空调病"：出现鼻塞、头昏、打喷嚏、耳鸣、乏力、记忆力减退、四肢肌肉关节酸痛等症状，这跟室内空气干燥、微生物滋生、室内外温差大、机体适应不佳有关。可是你知道吗？长时间待在空调房间，还容易出现"空调皮肤病"！

　　"空调皮肤病"的形成，说到底是和皮肤屏障失衡有很大关系。室内外温差大，在室外皮肤拼命出汗是为了让身子降温，到了凉爽的室内，一下子皮肤血管甚至汗孔都收缩了，因为没有使劲儿出汗、散热的必要了，相应的皮肤的皮脂分泌也会减少。

　　大家都知道皮肤屏障对皮肤健康而言非常重要，而皮肤屏障的最外层就是皮脂膜。汗腺分泌的汗液以及皮脂腺分泌的皮脂是皮脂膜的重要组成部分。长期在空调房间内，这两样东西会减少分泌，皮肤屏障的完整性可能会受到影响。另外空调制冷作用会导致密闭室内的空气中含水量越来越少。因为空气干燥，更多的皮肤水分通过受损的皮肤屏障跑到空气中。皮肤水分的丢失增加，进一步破坏皮肤屏障的稳定。不通风的室内环境各种微生物容易滋生，尤其是空调的滤网上的尘螨多得能吓倒你，可惜你的眼睛看不见。皮肤屏障受损加上微生物滋生，自然皮肤出问题的概率也增加，比如感染性皮肤病。另外尘螨也是皮肤过敏最常见的过敏原，它可以通过呼吸道进入人体或者直接接触皮肤，导致各种皮肤过敏问题的发生。

所以，对长时间待在空调房间的朋友，我有以下几点建议：

（1）空调温度不要打得太低，绝对不是为了省电费，是为了缩小室内外温差。当然，电费也要省。

（2）在夏天到来前，请专业的清洁公司来好好清洗一遍空调滤网。

（3）待在空调房间，每两个小时记得开窗通风一次。

（4）长时间待在空调房里，长袖的衬衫比短袖的 T 恤更有益健康。

（5）从炎热的室外到了凉爽的室内，你可以适当用水清洗或者用干净毛巾擦拭皮肤上的大量汗液。但如果你要长时间待在室内，可以在皮肤上抹一些清爽不油腻且具有保湿作用的护肤品。

18.

愿天下无"疤"

瘢痕这玩意儿太讨人厌了，没有人喜欢，为啥？因为不好看啊！无论是萎缩性的瘢痕还是肥厚增生性的瘢痕，都是如此。萎缩性瘢痕比如痘坑，我以前科普过好几次了，往往是挤痘痘造成的恶果，但那只挤痘痘的手就是不受自己大脑的控制，真是无解。

有些朋友，我们常说是"瘢痕体质"，什么意思呢？就是说，他们如果皮肤受一些外伤，或者做个小手术，在伤口愈合后，愈合处会出现明显高出皮肤表面的瘢痕。正常人皮肤愈合后也会有浅浅的痕迹，但是平整的。这种增生性瘢痕的范围是在原来伤口的基础上，开始是红色且比较硬的，如果有痒痛感，说明这个瘢痕还在增大。时间长了，瘢痕的颜色就会慢慢变淡，质地也会变软，痒痛感也会减轻，这个时候瘢痕就基本定型了。

还有一种就是瘢痕疙瘩，特别容易出现在前胸部位。这个和上面讲的增生性瘢痕略有不同，或者说更严重。瘢痕疙瘩可以发生在皮肤创伤或者皮肤炎症（比如前胸长毛囊炎）的基础上，也可以自行出现，出现前皮肤没有明显的异常表现，很多朋友胸口出现这个就是原因不明的。瘢痕疙瘩明显高出皮肤表面，形状不一，色红质硬，痒痛感的程度及持续时间和增生性瘢痕相比，都更显著。如果瘢痕疙瘩是出现在创伤的基础上，你会看到它的范围超出了伤口的区域。

皮肤病

增生性瘢痕和瘢痕疙瘩都高出皮肤表面，颜色和正常皮肤不一样，表面的纹理和正常皮肤也不一样，当然影响美观。

对这些类型瘢痕的治疗，手术是需要慎重考虑的，因为很容易在手术切除瘢痕后的缝合处出现新的更大的瘢痕，尤其是瘢痕疙瘩切除后。所以，如果要手术治疗，必须在术后做好积极的辅助措施，比如放疗。

增生性瘢痕和瘢痕疙瘩的非手术治疗，是目前的主流治疗方式，也比较容易开展。目前外用硅凝胶仍然是预防和治疗增生性瘢痕和瘢痕疙瘩的主要选择，见效是慢一些，但急不来。这玩意儿涂在皮肤上薄薄一层透明色，也没有特殊的味道，不影响日常工作。一天1~2次，使用也很方便。硅凝胶治疗瘢痕的机理，简单说就是，涂抹在皮肤上会形成一层膜，这个膜起到封闭作用，水分经皮肤丢失减少，皮肤表层含水量增加，进而抑制真皮成纤维细胞的增殖，另外可以造成局部皮肤组织缺氧，还能使一些重要的细胞因子发生变化。上述行为均不利于瘢痕的形成，最终减少瘢痕的产生。

硅凝胶涂抹上去以后，建议保留时间越长越好，至少12小时，并且使用3个月以上。既可在外伤后或术后皮肤基本愈合后用来抑制瘢痕，也可治疗已经形成的增生性瘢痕或者瘢痕疙瘩。当然了，非常严重的瘢痕，一定要配合其他治疗方式。但是萎缩性瘢痕，比如痘坑，不适合用硅凝胶，因为抹不平。

其他比较好的治疗方法，比如联合治疗，包括瘢痕内注射糖皮质激素和5-氟尿嘧啶，以及脉冲染料激光，被证明是非手术治疗严重增生性瘢痕和瘢痕疙瘩的很好的选择。另外一些口服药物比如曲尼司特对上述瘢痕也有一定的辅助治疗作用。

但我要强调一点，这一点很重要！那就是，如果疗效满意，增生性瘢痕和瘢痕疙瘩会逐渐缩小变平，甚至最后和周围皮肤一样平齐，颜色也接近正常皮肤。但是，这一块皮肤表面的纹路和正常皮肤还是不同的，看上去会有差异。而且这一类的瘢痕治疗明显改善以后，如果停止治疗，还是有反弹的可能。所以，在治疗非常满意以后，还是建议继续维持治疗。我个人建议在瘢痕变平以后，还是要继续外用硅凝胶以获得长期满意疗效。

强哥答疑

1. 激素脸是什么原因造成的?

　　我们平时提得最多的激素脸，主要是长期外用（可能是无意的）糖皮质激素引起的，临床常用"激素依赖性皮炎"来描述。有些朋友出现这样的情况，是因为本身脸上有一些皮炎或湿疹需要外用一些糖皮质激素，但因为没有按照医嘱合理使用，时间一长就导致了激素脸的出现。

2. 我每年都会发湿疹，这还能不能好了?

　　湿疹能不能根治，一是跟人的体质有关，二是跟过敏因素有关。过敏原难找，我们不能太指望它。但是，人的免疫系统无比强大而又复杂，当它紊乱的时候，它可以让你出现各种毛病，但它自身的调节作用又会让你某一天发现湿疹自己消失了。

　　所以，湿疹的治疗目的是控制症状，改善生活质量，它总有一天会自己好的。千万不要因为追求根治，而上当受骗。湿疹用药，安全性排第一位。

3. 冬天嘴唇干痒，是不是擦擦唇膏就能好?

　　发生在嘴唇上的所有炎症，我们统称为"唇炎"，唇炎有很多种，有些唇炎除了干燥、脱屑，有时还会伴有淌水、破溃、开裂的症状，或者形成肿块，持续不好转，用了红霉素眼膏、普特彼、爱宁达等药物都没有效果。那这种情况一定要引起重视，必须到医院进行嘴唇活检＋病理检查，以明确性质。

4.我爸妈都有灰指甲,现在我也有灰指甲了,是不是被传染了啊?

我们说的灰指甲"一个传染俩",指的是一个人,先有了一个灰指甲,很容易逐渐传染给自己其他的趾(指)甲。对一个家庭而言,并不是说一个人有了灰指甲,就会很轻易地传染给家里的其他人,其实这概率不大。

5. 被蜜蜂蜇了是不是用肥皂洗洗就好了?

蜂蜇伤引起的局部反应是红肿痒痛,严重的是荨麻疹等全身过敏反应,甚至因过敏性休克而倒下,再有就是蜂毒造成的全身中毒反应。速发型的过敏反应一旦启动,会快到你招架不过来,说晕倒就倒了。所以即使人是清醒的,也需要第一时间去医院。提醒一点,是去急诊,而不是门诊。急诊就诊比较快,门诊等候时间比较长。

Chapter 14

你需要警惕
这些护肤误区

千万别让"美容"变"毁容"

对于广大女性朋友们而言，只要是为了更美，很多人愿意投入不菲的资金。如果你经济投入不少，但获得了很满意的美容效果，而且没有明显副作用，那我觉得是挺好的一件事儿。但有的时候，目的是美容，但最后却毁了容，那就很遗憾了。我简单介绍几种不好的情况。

为了美，没花钱：挤痘

看见脓头就想挤，没有变美，反而变得很糟。接着治疗痘坑，花费巨大，还不一定能完全抚平伤痕。

为了美，花了一些钱：激光点痣

我以前说过，如果你坚持要激光点痣，尤其是超过米粒大小的痣，还是高出皮肤的那种皮内痣，那医生为了帮你把痣点干净不复发，会凭经验"烧"得比较深，因为如果比较浅就很容易有痣细胞残留，然后一段时间以后复发。那烧得深的结果是什么？结果就是凹陷性瘢痕，而且范围比原来的痣大，外观更难看。

为了美，花了不少钱：买没有任何批号的秘制美容"护肤品"

为了美，被忽悠了，买了这些不正规的护肤品。结果呢，要么含有激素，

要么含有细菌、霉菌，要么含有荧光剂，甚至还有水银（汞）。这样的
报道有很多，我国药品监督管理局也曝光了很多抽查不合格的护肤品。
这样有问题的护肤品，用时间长了，脸变黑（色素沉着）了，变红（红
血丝，也就是毛细血管扩张）了，皮肤萎缩甚至多毛，皮肤提早老化，
甚至慢性水银中毒把头脑搞坏了。

为了美，花了很多钱：做了各种光电治疗

做了光子嫩肤、激光等光电治疗，却没有按医嘱老老实实防晒。光
电治疗后一定要严格防晒，什么叫严格？就是无论什么天气都要防晒，
当然如果下雨天撑了伞，问题倒不大。不然很容易在光子或激光治疗过
的部位出现色素沉着，可能比治疗前的斑颜色还要深。由美变丑，不用
打招呼，就这么简单！

香水和皮肤

其实决定写香水的主题后，我就后悔了，因为香水的学问太深了，好难写。作为一个不怎么使用香水的男人，写香水的主题，实在是内心忐忑。家里其实有一些香水，夫人也给我买过，但我从来没用过。

都知道香水是舶来品，西方人用香水比较多，香水诞生的一大功能，主要是为了遮盖体味。东方人用得少一些，但现在看来使用量也逐年增多。社交需要使得越来越多的人使用香水，这样可以让自己更有魅力、更自信！

很多人比较关心的是香水的用法。有人直接把香水往皮肤上喷；有人把香水喷在正前方，然后从香水雾中穿过；还有人把香水喷在衣服上……真是五花八门。

有人问，香水可以直接喷在皮肤上吗？我觉得这个答案是非常肯定的，香水自诞生之日起，就是为了用在人的皮肤上的。我想，不建议香水用在皮肤上的朋友，可能是怕香水喷到皮肤后容易引起过敏或其他不良反应。因为香水说穿了就是一种化工产品，成分也比较复杂，引起过敏的可能性当然是有的，但是最终是否会有过敏反应，还是跟个人的体质有关。不能因为有个别人喷香水过敏了，就不建议所有人把香水喷到皮肤上，这个有点儿牵强。

但是，当我们使用香水时，要注意以下几点：

第一，香水基本都有酒精成分，酒精过敏的人不要用。另外皮肤比较嫩的部位能不用就不用，比如面部。当然了，像我脸皮这么厚的，用用应该也没事。

第二，香水化学成分非常复杂，比如有香料啥的，特别是高级香水。因而尽量不要用在阳光直接照射到的人体部位，减少光过敏发生的概率。

第三，香水的选购，我个人觉得还是选国外大牌吧，因为国内好的香水牌子极少。

第四，大家一定要注意车载香水的问题，我个人强烈建议大家不要使用。车载香水基本都不是高级牌子，而且车载香水基本是放置在太阳能照射到的车内位置，长波紫外线依然能穿透车窗玻璃。另外，夏天车内温度很高，在高温的作用下，车载香水的安全性完全不能预估。所以，从对人体健康角度考虑，大家可以减少车载香水的使用。

护肤误区

九个护肤误区你一定要知道

勤洁面

用洁面产品特别勤。每天一次洁面不过分，油脂分泌旺或者白天化了妆，晚上用洁面产品很正常。但是一些油脂分泌旺的朋友喜欢每天用洁面产品很多次，就怕老油没洗干净，结果导致皮肤的皮脂腺越来越大，油反而越冒越多。皮肤敏感的人更没有必要勤用洁面产品，否则皮肤屏障会越来越差。

皮肤越油越要保湿

皮肤最表面的屏障（皮脂膜）主要由皮脂腺分泌的皮脂、汗腺分泌的汗液和角质形成细胞产生的脂质。油性皮肤的人总体来说皮肤屏障不会差。所以，"皮肤越油越需要保湿"的说法，是不恰当的。油性皮肤做好常规保湿即可，或者在洁面以后用少量保湿产品就足够了。

防晒用品每天出门涂一次

皮肤会出汗，可以是不显性出汗，也可以是显性出汗，都会稀释冲刷涂抹在皮肤表面的防晒产品。所以，出汗不多的时候，超过两个小时就要重新涂抹一次防晒用品。如果出汗很多，超过一个小时就要重新补涂。

遮阳伞提供全面防护

有些人不喜欢涂抹防晒产品，这是 OK 的。但是出门光撑遮阳伞是不够的，钢筋混凝土的城市，到处是车辆和高大的建筑，车窗玻璃和玻璃幕墙可以反射紫外线，柏油路面也可以反射紫外线，姑娘们浅色的裙子也可以反射紫外线。如果你真的想完美防晒，那即使撑了伞还要戴上口罩和墨镜，或者脸上还是涂抹一些防晒产品。

祛斑就靠护肤品

虽然一些护肤品声称有祛斑功效，但是"斑"有很多种，治疗大不同。以色素沉着为主的"斑"可以通过抗氧化类、褪黑色素类以及防晒类护肤品联合使用来改善。但绝大多数"斑"用护肤品是解决不了的。一定要找专业医生给你建议，不要盲目依赖护肤品。

价格越贵的化妆品效果越好

虽然说一分价钱一分货，但是化妆品功效强弱真的不是由价格决定的。请根据自己的经济能力以及医生的建议选择适合自己的化妆品。不要盲目追求极其昂贵的奢侈品牌化妆品，虽然这些化妆品可以提升很多人内心的满足感。

护肤品用得越多皮肤越好

很多护肤品都声称自己有很好的功效，但并不是把很多所谓的"好东西"一起用到脸上，皮肤就会更好。我们的皮肤本身需要自由地"呼吸"，涂抹太多的东西在脸上，会影响皮肤的自然生存状态。另外，普通护肤品成分复杂，使用种类越多，皮肤的负担越大。很多研究表明，绝大多

护肤误区

数皮肤屏障受损或敏感肌肤的出现，就是因为滥用护肤品。

面膜每天一次或多次使用

敷面膜对于很多女人而言，是一种仪式，敷过面膜以后的感觉就像皮肤得到了升华，虽然这真的是幻觉。面膜的主要作用是保湿，正常皮肤护理，每两到三天敷一次就差不多了，要多给皮肤自由呼吸的时间。

口服胶原蛋白让皮肤好

这个问题相对禁忌，很容易被人骂。我举个例子，把一张纸放入碎纸机，然后弄乱，再手动把这些纸屑拼成原来那张完整的纸，这个难度大不大？没错，你的消化道就是碎纸机。如果你坚信，对你而言，这是so easy 的事情，那你就敞开吃吧。你找个造纸厂，每天多产点儿纸，这个才是王道。没错，你的皮肤成纤维细胞就是造纸厂。

"一元钱护肤"靠谱吗

我在网络上看到过一篇文章,说药店一块钱的东西,每天洗脸滴两滴,可以帮助淡化皱纹,提亮皮肤。

我当时一看就猜是开塞露。"啥?开塞露?不是治疗便秘,用在屁屁那儿的吗?怎么能抹脸啊?开什么玩笑?"很多朋友可能会有这个想法。

其实开塞露本身没啥问题,因为未开封的开塞露也是无菌的,理论上碰到身体其他部位的皮肤也是可以的。但是,这篇文章存在三个观念性错误。

观念一:"开塞露含有 20% 的甘油和水,所以可以直接抹在嘴唇和皮肤上。"

这个是有大问题的。开塞露的配方里面,甘油的浓度超过 50%。这个浓度的甘油吸湿性强,不仅可以吸收空气里的水分,还能吸收皮肤黏膜自身的水分,对皮肤黏膜而言是"除湿"。所以这个浓度的甘油最好不要直接涂抹嘴唇和皮肤。

观念二:"每天晚上睡觉前洗脸滴两滴,完美解决肌肤缺水。"

这个问题在于,10%~20% 浓度的甘油对皮肤是不错的,可以吸收外界的水分,但不吸收皮肤自身的水分,好多护肤品里面都有适当浓度的甘油成分。但是,滴个两滴到洗脸水,这个浓度真的太低了吧,洗脸有啥用啊？

观念三："滴两滴可以延缓皱纹和淡化细纹。"

这个就是强调了长期保湿对皮肤的好处，维护好皮肤屏障，可以抵御外界各种物理、化学、微生物等刺激因素对皮肤的负面影响，从而延缓皮肤老化。道理行得通，但是"滴两滴"行不通。还是因为甘油浓度过低了，保不了湿。

花很少的钱，就能治好病或者达到美容、美肤的效果，谁都喜欢。作为皮肤科医生，我也习惯让患者花尽可能少的钱达到满意的治疗效果。但我们一定要讲科学性，对吧？

酱油会让皮肤变黑吗

女生都喜欢白，白就显得好看！因为有句话叫什么"一白遮百丑"，我并不认同这句话。但另外有句话我深表赞同，特别是在炒菜的时候，叫"一黑遮百丑"。有时候炒菜，本来是不用红烧的，结果呢，油放得有点儿多，火稍微有点儿旺，炒的时间呢略有点儿长，所以呢，表面略微有点儿焦的痕迹，这个时候，放一点儿老抽，完全遮盖住，简直妙极了！当然了，还可以继续借题发挥，再放点儿醋，放点儿糖，勾点儿芡，来个糖醋味儿吧……

生抽可以直接蘸着吃、凉拌菜或炒菜用，老抽专职红烧。我是做饭小白，说错了多体谅。但是酱油里的营养是真丰富，包括氨基酸、糖类、酸类等。研究发现酱油还能抗氧化，它能减少自由基对人体造成的损害，有防癌的功效，对皮肤也是好处多多，因为自由基是导致皮肤老化的元凶之一。要不是因为先天不足——太咸，我就把酱油当饮料喝了。

网络上和现实生活中一直有这么一个传说，是关于酱油让皮肤变黑的问题。经常有患者在门诊问我："手术后长伤口的时候可以吃酱油吗？皮肤长斑可以吃酱油吗？"

在这儿，强哥我要郑重地告诉大家，酱油还有醋里面的黑色是焦糖色素，和我们皮肤里面的黑色素，无论是来源还是结构都没有任何相似性。也就是说，焦糖色素吃到肚子里，怎么都不可能变成皮肤的黑色素。另外，

护肤误区

焦糖色素吃到肚子里会被消化道的消化液主要是胃酸分解掉，不用担心会沉积到皮肤里面。

　　所以说，**酱油里的食用色素跟皮肤黑与白没有任何关系**。长伤口的时候，你天天吃红烧肉和你天天喝牛奶，没什么区别。即使天天喝着乳白色的牛奶，也不要奢望你的皮肤就会变得很白，这是同样的道理。

强哥答疑

1. 爱美之心人人有，为了避免让"美容"变"毁容"，我该怎么做呢？

挤痘是万万不可的，激光点痣也要慎重，更不要网购或者去美容院买一些没有任何批号的秘制美容"护肤品"，做了光子嫩肤、激光治疗等光电治疗后要谨遵医嘱，严格防晒。

2. 我从来都把香水直接喷在皮肤上，这样会对皮肤有什么不好的影响吗？

首先，香水的确是可以直接喷在皮肤上的，但是要注意以下几点：

第一，香水基本都有酒精成分，酒精过敏的人不要用。另外皮肤比较嫩的部位能不用就不用，比如面部。第二，香水化学成分非常复杂，特别是高级香水，因而尽量不要用在阳光直接照射到的人体部位，减少光过敏发生的概率。第三，香水的选购最好选国外大牌。第四，强烈建议大家不要使用车载香水。

3. 我一直想理性护肤，有没有汇总好的护肤误区给我参考？

这个必须有，避免九个护肤误区就能让你理性护肤。这些误区包括勤洁面，皮肤越油越要保湿，防晒每天出门涂一次，遮阳伞提供全面防护，祛斑就靠护肤品，价格越贵的化妆品效果越好，护肤品用得越多皮肤越好，面膜每天一次或多次使用，口服胶原蛋白让皮肤好。

护肤误区

4. 我在网上看到可以用开塞露"一元钱护肤",这是真的吗?

　　未开封的开塞露本身是无菌的,理论上碰到身体其他部位的皮肤也是可以的。但因为开塞露配方里的甘油浓度超过50%,吸湿性强,不仅可以吸收空气里的水分,还能吸收皮肤黏膜自身的水分,对皮肤黏膜而言是"除湿",所以这个浓度的甘油最好不要直接涂抹嘴唇和皮肤。10%~20% 浓度的甘油对皮肤虽然不错,但是滴两滴开塞露到洗脸水后的浓度过低,无法达到保湿效果哦。

5. 我平时喜欢用酱油烧饭,这会让我的皮肤变黑吗?

　　酱油还有醋里面的黑色是焦糖色素,和我们皮肤里面的黑色素,无论是来源还是结构都没有任何相似性。焦糖色素吃到肚子里会被消化道的消化液主要是胃酸分解掉,不用担心会沉积到皮肤里面。所以说,酱油里的食用色素跟皮肤黑与白没有任何关系。与此相反,酱油营养丰富,还能抗氧化,它能减少自由基对人体造成的损害,有防癌的功效,对皮肤也是好处多多。